三维曲线数据的
特征识别与形状重构

陆利正 著

浙江工商大学出版社
ZHEJIANG GONGSHANG UNIVERSITY PRESS | 杭州

图书在版编目(CIP)数据

三维曲线数据的特征识别与形状重构 / 陆利正著.
— 杭州 : 浙江工商大学出版社,2022.11
ISBN 978-7-5178-5132-5

Ⅰ. ①三… Ⅱ. ①陆… Ⅲ. ①曲线—数据—特征识别
—研究 Ⅳ. ①O123.3

中国版本图书馆CIP数据核字(2022)第177857号

三维曲线数据的特征识别与形状重构

SANWEI QUXIAN SHUJU DE TEZHENG SHIBIE YU XINGZHUANG CHONGGOU

陆利正 著

责任编辑 吴岳婷
责任校对 夏湘娣
封面设计 浙信文化
责任印制 包建辉
出版发行 浙江工商大学出版社
(杭州市教工路198号 邮政编码310012)
(E-mail:zjgsupress@163.com)
(网址:http://www.zjgsupress.com)
电话:0571-88904980,88831806(传真)
排 版 杭州朝曦图文设计有限公司
印 刷 广东虎彩云印刷有限公司绍兴分公司
开 本 710mm×1000mm 1/16
印 张 12
字 数 183千
版 印 次 2022年11月第1版 2022年11月第1次印刷
书 号 ISBN 978-7-5178-5132-5
定 价 48.00元

本书受到以下项目资助：

国家自然科学基金项目(61272307)

浙江省自然科学基金项目(LY21F020009)

前 言

本书是作者近十年研究工作的总结,包含众多原创性的科研成果。特别是针对三维曲线数据的构造与处理,开展了许多探索性的研究工作。围绕特征识别和形状重构这两个主题,提出一些比较好的算法,用于解决数据拟合、特征识别、光顺曲线构造和曲线降阶等问题。

全书共分八章。第一章为绪论。第二章介绍Bézier曲线、B样条曲线和分段插值曲线的基础知识。第三章提出加权渐进迭代逼近方法。第四章和第五章提出曲线数据的特征识别与形状重构方法。第六章提出基于曲率优化的曲线形状重构方法。第七章提出曲线降阶方法。第八章为总结与展望。

本书的部分内容来源于浙江省自然科学基金项目(LY21F020009)和国家自然科学基金项目(61272307)的研究成果。在这两个基金项目的资助下,作者取得了许多研究成果,也有部分成果是在项目结题后取得的。

在本书的出版和写作过程中,得到浙江省自然科学基金项目(LY21F020009)的资助。另外,浙江工商大学统计与数学学院以及数据科学与大数据技术系给予了许多的支持和帮助。浙江工商大学出版社吴岳婷编辑对本书进行了细致的编辑校对。在此,表示衷心的感谢。

陆利正

2022年9月于杭州

目 录

第一章　绪论

1.1　CAGD中的曲线曲面造型技术

计算机辅助几何设计(Computer Aided Geometric Design,简称CAGD)主要研究自由曲线和曲面的构造、表示与计算等问题,是涉及数学、计算机科学及工业设计与制造的一门新兴的交叉学科,在CAD/CAM、计算机图形学、科学可视化和计算机动画等研究领域有着重要的应用前景[1−11]。它起源于汽车和船舶的外形放样工艺,由Steven A. Coons(1912—1979)和Pierre Bézier(1910—1999)等大师于20世纪60年代奠定理论基础[12]。1974年,在美国犹他大学召开的第一届CAGD国际会议上,Barnhill和Riesenfeld正式提出CAGD的概念。在这次会议上,来自美国和欧洲的学者讨论了CAGD领域的热点研究问题,并且出版了影响深远的论文集[13]。随着*Computer-Aided Design*和*Computer Aided Geometric Design*这两个专业学术期刊分别在1969年和1984年的创办,CAGD获得飞速的发展。

正因为CAGD从诞生开始就跟多门学科紧密联系并且相互促进发展,所以跨学科是其天生的属性。早期的发展主要来自机械工程师为解决计算机辅助设计(Computer Aided Design,简称CAD)和计算机辅助制造(Computer Aided Manufacturing,简称CAM)中一系列迫切棘手问题的需要,后续发展则开始从微分几何、数值逼近、计算机图形学和软件新技术等方向寻找解决方案。归功于多种多样的源头，CAGD很早就被定位为科学和工程领域一个充满前景的研究方向。此后，随着数学、计算机和工程等学科的发展，CAGD的影响日益广泛。它的每一项重大技术突破都会影响着诸如计算机辅助设计、计算机图形学、可视化、多媒体技术和医学图像处理等领域的进步与发展。

CAGD中曲线曲面的表示形式主要经历了三个时期的发展：20世纪60年代的Coons技术和Bézier技术，20世纪70年代的B样条技术，20世纪80年代的有理B样条技术。到目前为止，曲线曲面表示和几何造型已经形成了以非均匀有理B样条（non-uniform rational B-spline，简称NURBS）为基础的参数表示和隐式代数表示（implicit algebraic representation）这两类方法为主体，以插值（interpolation）、拟合（fitting）和逼近（approximation）这三种手段为核心的几何理论体系。下面简要介绍CAGD中曲线曲面表示技术的发展历史。

最早有记录的关于曲线在制造业中的使用要追溯到罗马时代的造船业。船的肋骨——从龙骨引出的厚木板，是用几何模板设计生成的。它们用切线连续的圆弧（一种特殊的NURBS曲线）来定义。船体的几何结构就可以被保存起来，在每次使用时无须重新创建。然后，从13到16世纪，威尼斯人不断完善了这项技术。船体通过改变肋骨的形状而得到，这是张量积曲面在早期的表现形式。因此，人们不需要通过作图就能设计出船体，并从17世纪开始逐渐在英国流行起来。

1944年，在美国北美人航空公司（North American Aviation）工作的Liming出版了一本专著[14]：*Practical Analytical Geometry with Applications to Aircraft*。他首次把传统的手工作图跟计算方法联系起来。与造船一样，圆锥曲线也被应用于飞机的设计上。Liming认识到对设计师来说更有效的方式应该是：

Store a design in terms of numbers instead of manually traced curves.

于是，他把传统的手工作图转化成数值算法。这样做的优点是：设计时需要的数据都已经被保存在明确的表格中，也就不会被设计师随意的作图方式所影响。这就是使用控制多边形和控制网格来控制曲线和曲面的形状这一创新性思想的雏形。在1950年前后，美国许多飞机公司都采用了Liming提出的数学模型。

此外，在1950年前后新兴发展的数控（Numerical Control，简称NC）技术也对CAGD产生了深远影响。早期计算机能够生成指令来控制铣床完成对工件的铣削加工。当时，由于相关信息都是保存在设计图纸里，而把这些信息传达给计算机是一件很麻烦的事情。如果对曲线先数字化再采用拉格朗日插值等传统数学方法，又不利于实现方便快速的设计。因此，迫切需要开发从设计图到计算机应用的新技术。

1963年，美国波音公司的Ferguson[15]首先提出将曲线曲面表示为参数的向量函数方法，并引入定义在空间span$\{1, t, t^2, t^3\}$上的三次参数曲线。他构造了插值四个角点的位置以及两个方向切向量的Ferguson双三次曲面片，从此曲线曲面的参数表示成为描述几何形状的数学模型的标准形式。在设计产品的几何外形时，Ferguson采用自由曲线曲面的参数表示方法，具有可进行人机交互、几何不变性、可处理无穷大斜率和多值曲线以及易于实施坐标变换等优点。

1964年，美国麻省理工学院的Coons引入超限插值的概念，提出一种具有一般性的曲面描述方法：只要给定四条封闭的边界曲线就可定义一张张量积曲面。随后在1967年，Coons进一步推广了他的思想。在CAD早期的工程实践中，应用最广泛的就是Coons双三次曲面片，它与Ferguson双三次曲面片的区别是把角点扭矢由零向量改为非零向量。然而，这两种方法都存在所需信息过多，曲面之间较难达到光滑拼接，并且角点扭矢与曲面形状之间缺乏直观联系而导致对曲面形状的控制不方便等缺点。

1959年，法国雪铁龙汽车公司聘请了一位年轻的数学家Paul de Casteljau来解决从设计图到计算机转换时面临的挑战性的理论问题。他着手研究曲线曲面的表示问题，并从一开始就提出使用Bernstein多项式的形式作为曲线曲面的定义。他还发明了现在著名的de Casteljau算法。de Casteljau工作最大的贡献在于首次引进了控制多边形的概念。在数学上，传统的曲线构造方法主要采用插值等手段使曲线经过或拟合某些数据点。相反，用控制顶点表示的曲线是使它们靠近（而不是经过）这些数据点。只要移动控制顶点的位置，曲线形状就会跟随着做出相应类似的改变。然而，在很长一段时间里，de Casteljau的工作一直被雪铁龙公司保密着，直到1971年才被公开出来。随后，Boehm对de Casteljau的工作给予了极高的评价，并正式把该算法命名为de Casteljau算法。

与此同时，在1962年，法国雷诺汽车公司的工程师Pierre Bézier也提出了使用控制多边形来设计曲线的思想，完成了用于自由曲线曲面设计的UNISURF系统，并于1972年在雷诺公司正式投入使用。当时，Bézier提出的曲线表达式为

$$\boldsymbol{P}(t)=\sum_{i=0}^{n}A_i^n(t)\boldsymbol{a}_i,\quad t\in[0,1],$$

其中

$$A_0^n(t)=1,\quad A_i^n(t)=\frac{(-1)^i}{(i-1)!}\frac{\mathrm{d}^{i-1}}{\mathrm{d}t^{i-1}}\frac{(1-t)^n-1}{t},\quad i=1,2,\cdots,n,$$

$$\boldsymbol{a}_0=\boldsymbol{p}_0,\quad \boldsymbol{a}_i=\boldsymbol{p}_i-\boldsymbol{p}_{i-1},\quad i=1,2,\cdots,n.$$

不过，这样的表达式看起来有些奇怪，使用时也存在诸多不便。此外，Bézier的研究团队也独立开发了类似于de Casteljau的算法。此后，Bézier的工作很快就传播开来，获得了很多人的称赞，这些人参与相关的研究工作。Bézier曲线也以他的名字来命名，成为多项式曲线的代名词。

在1972年，Forrest意识到Bézier提出的曲线可以表示成Bernstein多项式的形式[16]

$$\boldsymbol{P}(t)=\sum_{i=0}^{n}B_i^n(t)\boldsymbol{p}_i,\quad t\in[0,1].$$

Bernstein多项式在函数逼近论等数学领域早已被大家所熟知，被广泛应用于Bernstein算子的研究工作。随着Forrest论文的发表，Bézier曲线的表达

式更加简洁,优势愈发突显,受到学术界和工业界的广泛关注。CAD/CAM领域也涌现出许多成熟的设计系统,如法国雷诺公司的UNISURF系统和法国达索(Dassault)飞机制造公司的EVE系统与CATIA系统。把Bézier曲线从一维推广到高维,又陆续得到了矩形域上的张量积Bézier曲面和三角域上的三角Bézier曲面等表示形式。

Bézier方法是一种完全由控制多边形和控制网格定义曲线和曲面的方法,它把多项式的系数表示成向量,并解释为控制顶点,通过改变控制顶点构成的控制多边形和控制网格来直观形象地修改曲线和曲面的形状。这样定义的曲线和曲面具有许多优良的性质,如几何与仿射不变性、凸包性、保凸性、对称性和端点插值性等,且具有许多诸如de Casteljau求值、离散、升阶、插值和包络生成等简单易用的计算方法。当然,Bézier曲线和曲面也存在一些缺陷:不能精确表示除抛物线以外的圆锥曲线,不能有效处理连续拼接和局部修改等问题,并且还经常会碰到曲面裁剪等应用需求。

关于B样条的理论,早在1946年由Schoenberg提出,他首先研究了均匀节点的情形[17]。至于非均匀节点的情形,就要追溯到1947年由Curry发表的评论文章。1972年,de Boor和Cox分别独立地给出了关于B样条计算的标准算法[18,19]。然而,在CAGD领域的参数样条曲线是由Gordon和Riesenfeld提出的,他们认识到de Boor关于B样条的递归求值算法其实刚好是de Casteljau算法的推广[13],从而包含了Bézier曲线的B样条曲线马上就成为所有CAD系统的核心技术。此外,Boehm和Prautzsch[20]给出了B样条曲线的节点插入算法,Prautzsch和Piper[21]推导了B样条曲线的升阶公式。

把分段多项式形式的非均匀B样条曲线推广到分段有理多项式的形式,就可得到非均匀有理B样条曲线(即NURBS曲线)。它兼有B样条曲线形状可局部修改和连续阶数可调的特性,又兼有有理Bézier曲线可精确表示圆锥曲线的优点。所以,1991年,在国际标准化组织ISO正式颁布的工业产品数据交换的STEP标准中,把NURBS作为自由曲线曲面的唯一定义[22];同时国际上知名的CAD软件公司都把造型系统首先建立在NURBS

的数学模型上。最早在1975年,有理B样条由美国锡拉丘兹大学的Versprille在博士论文中提出[23],后续研究中比较出名的专家是Piegl和Tiller,以及他们出版的NURBS专著[1]。Choi等[24]以及Grabowski和Li[25]致力于研究NURBS系数的矩阵表示,分别给出了在非均匀节点时基于Boehm算法和de Boor算法的任意次数递推关系的矩阵表示,但该表示却是非解析式的。de Boor[2]和Schumaker[6]给出了NURBS在幂基表示时系数的矩阵显式表达式以及相应的数值算法。刘利刚和王国瑾[26]给出了在一般情况下系数的两种矩阵显式表达式。

2003年,Sederberg等专家提出最新的几何造型技术——T样条,在继承传统的非均匀有理B样条表示方法优点的同时解决了困扰CAD领域长达二十余年的曲面拼接难题[27—29]。T样条是目前CAD领域最先进的样条曲面定义方法,也是数学家对NURBS技术的一次重大突破。T样条革命性地引入了局部细分方法,使得控制顶点的数量大幅减少。对于复杂结构,NURBS曲面需要使用多张曲面以及碰到拼接和裁剪等问题;T样条只用一张曲面就能表示复杂的几何形体,并且控制顶点的数量大为减少,同时具有统一的数学表达式。这些优秀的几何性质使T样条在构造复杂的曲面形状时具有天然的优势,逐渐成为当今CAD领域的研究热点之一。

自由曲面是由许多低次的多项式曲面(Bézier曲面和B样条曲面)经连续拼接后而形成,是多项式的、分片连续且能够适用于任意的拓扑结构;它是几何造型和应用问题中重要的形体表示形式。相比规则的B样条和T样条曲面,自由曲面能够表示任意拓扑结构的几何形体;相比离散的网格曲面形式,自由曲面所需曲面片的数量相对更少,并且内在几何量根据经典微分几何中解析公式可精确计算。几何形体的构造与形状分析一直是计算机辅助设计和相关领域的核心研究内容,并在许多相关应用领域占有非常重要的地位。随着等几何分析和3D打印等热点问题相继涌现[30-36],对几何形体的构造与形状分析越来越重要。同时,众多新出现的热点应用问题也对几何形体提出更多新的设计和应用需求,如任意拓扑、光滑性和曲率分布等。

1.2　曲线数据的采样方法

复杂几何形体的高质量采样和形状重构一直是CAD和相关领域的热点研究问题，被广泛应用于几何造型、计算机图形学以及医学图像处理等领域[1-5]。为了重构复杂的几何形体，通常需要先从几何形体上选取一定数量的采样点，然后再通过拟合方法将它们重构为B样条曲线。而采样点的选取对后续B样条拟合的质量有着非常大的影响[1]。高质量的采样方法能够用较少的代表性采样点来俘获几何形体的轮廓特征。

均匀采样方法是当前主流的曲线采样方法[37-40]。根据某一几何量等分，在曲线上选取具有相同几何量间隔的等分点，例如均匀参数采样方法、均匀弧长采样方法以及基于弧长和曲率加权的均匀采样方法。最简单的均匀参数采样方法是通过参数等分来确定一定数量的采样点。例如，2004年，Park[37]提出一种误差有界的B样条曲线逼近方法，该方法虽然简单以及误差精度可控，但是完全忽略了曲线的几何特征对采样质量的影响。如果将弧长和曲率的加权组合用于几何量的定义，那么基于该几何量的均匀采样方法就会生成更为理想的采样结果，例如均匀弧长等分采样得到的是在曲线上的一系列弧长等分点。然而，目前的均匀采样方法都主要针对二维曲线的采样问题，虽然一些方法也能够直接应用于三维曲线的采样问题，但仅考虑弧长和曲率的因素，因此存在一些弊端。高质量的采样方法须考虑弧长、曲率和挠率等内在几何量，以及进一步研究这些因素对采样结果的影响。

1999年，Razdan[38]利用给定曲线的弧长或总曲率的几何量来生成采样点序列，并提出一种预先确定曲线拟合时所需最少采样点数量的启发式算法。由于曲率衡量了曲线的弯曲程度，在采样过程中必须考虑曲率对几何形状的影响。2003年，Hernández-Mederos和Estrada-Sarlabous[39]提出均匀弧长采样方法，考虑弧长对曲线采样的影响。由于相邻两个采样点之间具有相等的弧长，总体来说可获得比均匀参数采样方法更好的采样结果。对于一条曲线 $\boldsymbol{R}(t),\ t\in[a,b]$，均匀弧长采样方法将生成 $N+1$ 个采样点 $\{\boldsymbol{R}(t_i)\}_{i=0}^{N}$，使得参数 $\{t_i\}_{i=0}^{N}$ 将弧长函数

$$L(t)=\int_a^t \|\boldsymbol{R}'(u)\|^2 \mathrm{d}u,\quad t\in[a,b]$$

分成 N 等分，即

$$L(t_i)=\frac{i}{N}L(b),\quad i=0,1,\cdots,N,$$

其中 $L(b)$ 表示曲线长度。需要注意的是，曲线的弧长函数通常都是非线性的，缺少简单的显式表达式，所以须借助数值积分才能确定参数 $\{t_i\}_{i=0}^{N}$ 的值。另外，参考文献[39]中也提出了基于弧长和曲率平方加权组合的均匀采样方法，采样点在曲率值较大的区域分布比较多而在曲率值较小的区域分布比较少。虽然第二种方法很好体现了曲线的弯曲程度对采样结果的影响，但是很容易在曲线的高曲率区域附近出现过采样的问题。

2018年，Pagani和Scott[40]考虑弧长和曲率对形状的共同影响，提出基于弧长和曲率平均的均匀采样方法。对于一条曲线 $\boldsymbol{R}(t),\ t\in[a,b]$，该方法产生 $N+1$ 个采样点 $\{\boldsymbol{R}(t_i)\}_{i=0}^{N}$，使得参数 $\{t_i\}_{i=0}^{N}$ 把特征函数

$$\lambda(t)=\frac{L(t)}{2L(b)}+\frac{K(t)}{2K(b)},\quad t\in[a,b]$$

分成 N 等分，其中

$$K(t)=\int_a^t |\kappa(u)|\mathrm{d}u,\quad t\in[a,b],$$

以及 $\kappa(t)$ 是曲线 $\boldsymbol{R}(t)$ 的曲率函数。这也就是说，

$$\lambda(t_i)=\frac{i}{N},\quad i=0,1,\cdots,N.$$

该方法虽然在一定程度上缓解了高曲率附近区域存在的过采样现象，但仍然无法完全避免。

均匀采样方法通常难以取到反映曲线轮廓的代表性采样点，其实很容

易遗漏曲线上的特征点,因此很多时候都不能很好刻画曲线的轮廓特征。自适应采样方法不限制采样点的数量,以迭代的方式优先选取具有代表性的采样点。因此,自适应采样方法通常会产生非常满意的采样结果,尤其是如果能够识别曲线上所有特征点的话。

自适应采样方法的迭代过程如下:首先,通过某个特定的规则得到一定数量的初始采样点,这个特定的规则可以是识别曲线上的特征点或者是使用某个曲线采样方法得到的采样点,例如均匀弧长采样方法。然后,初始采样点将原曲线分成不同的部分,使用基于误差或距离的规则在不同部分中继续选取新的采样点。最后,以这种方式不断迭代生成新的采样点,直到满足终止条件为止。

针对离散数据的采样问题,也有部分相关研究工作。2005年,Li等[41]提出一种针对二维离散数据点集的自适应采样方法,利用离散曲率来自适应地挑选数据点,这种方法产生的采样点对曲率变化特别敏感。2007年,Park和Lee[42]提出基于曲率极大值点的自适应采样方法。这两个方法都希望在形状复杂的区域内选取较多的采样点,而在形状较为简单平坦的区域内尽量少选取采样点,因此即使用较少数量的采样点也能获得比较好的采样结果。自适应采样方法以某个误差或距离函数为标准,通过迭代的方式自适应地选取采样点。相对于均匀采样方法,自适应采样方法不限定采样点的总数,且采样点大都具有代表性,因此通常能获得非常满意的采样结果。2013年,Yu等[43]提出一种适用于曲面的自适应采样方法。

1.3 曲线数据的重构方法

许多科学和工程问题先通过诸如采样和实验等方法获得若干离散的数据,然后再从这些数据中重构出一条连续的曲线。曲线数据的重构是逆向工程(Reverse Engineering)中一个非常关键的问题。逆向工程技术大幅缩短了产品的研发周期,对加快产品的推陈出新有着特别重要的意义。逆向工程的主要工作流程是[44]:对几何形体利用3D技术进行准确、高效地测量,获得几何物体的轮廓数据,通过重构生成连续曲线并进行后续的形状修改和编辑处理,最后通过专业机器完成相应产品的样品模型制作。

逆向工程技术在许多领域都有着广泛的应用,比如汽车和飞机等制造业。因为这些行业往往会遇到一个十分普遍的问题:已知一个真实存在的物体,如何在已知实际物体的基础上建立关于该物体几何形状的数学模型。例如,在汽车的设计制造过程中,需要根据实际应用设计出一种全新的模型,并且在此基础上再进行生产制造和功能分析,所以必须知道关于几何形状的数学描述,这也会涉及形状重构的问题。

逆向工程中最关键和最复杂的步骤是形状重构,而形状重构的核心问题是如何从采样数据中重构出连续的曲线和曲面。因此,需要提出一种既能满足精度要求、操作方式又简单快捷以及还拥有局部调整与编辑能力的重构方法。自由曲线曲面[1—5]是CAGD主要的研究对象,相关理论和实际应用经历了几十多年的酝酿和发展,所以可作为逆向工程中数学模型的表示形式。

1990年以来,数据采集能力获得大幅度的提高,出现了三维扫描仪等高清数据采集设备,大规模数据采集变得非常容易而且方便。然而,大量采集的数据是无序的且通常带有噪声,这对数据重构带来了更多新的困难和挑战。如何有效处理无序数据,如何从无序数据中重构出相应的几何模型,如何建立数据和几何模型之间的对应关系,这些都是热门的研究问题。与此同时,计算机存储技术得到了大幅度的发展和提高,曲线曲面的离散化以及如何得到高质量的采样结果也是经常碰到的问题。三角网格和点云数据是常用的离散曲面表示形式,并随之出现了数字几何处理这一新兴学科。点云数据是在某个坐标系下数据点的集合,包括三维坐标、颜色、分类值、强度值和时间等。点云根据数据的组成特点可分为有序点云和无序点云。有序点云按一定的顺序排列,很容易找到数据之间的相邻点信息;而无序点云是没有任何顺序的,不存在邻接关系。进入21世纪后,涌现了点云渲染技术，并成为同类技术中的主流。因为点云摆脱了网格曲面复杂的拓扑结构，表示形式更简单而且便于人工交互设计，所以国内外许多学者开始研究点云模型，其也有很大的发展潜能。

在逆向工程领域，曲线重构要求拟合后生成的曲线尽可能地捕捉目标曲线的形状特征。曲线重构方法主要有以下两种情形。(1)有序数据的曲线重构：针对给定的有序数据，构造一条近似曲线，使得它能够插值或拟合所有的数据点。(2)无序数据的曲线重构：由于数据是无序的，需要确定数据点在曲线上对应点的参数值，这对数据拟合提出更高的要求。

有序数据的曲线重构方法最早可追溯到经典的最小二乘法。最小二乘法通过最小化距离平方和的误差函数，可以使用各种参数曲线表示拟合后的曲线，这会涉及数据的参数化问题。如果是用B样条进行拟合，那么需要求解一个稀疏的线性方程组，效率还是挺高的。几何迭代法[11]是一种具有明确几何意义的迭代法，它通过不断调整曲线的控制顶点，生成拟合数据的极限曲线。相比于最小二乘法，几何迭代法能够在迭代过程加入一些比较有用的几何约束条件，更适用于应用问题中的形状重构。L_1样条[45—48]通过优化基于L_1范数的目标函数而得到，可避免在形状上出现不自然的振荡以及保持数据的线性、凸性和其他的几何特性，因此能够更好处理带噪声和不规则的大规模数据。然而，L_1样条的目标函数是非线性的，须借助于数值求解算法。

无序点云数据的曲线重构方法大致可分为两类。第一类是先建立几何模型，再通过最优化方法求解相应的几何模型来得到重构曲线，通常会采用迭代法进行数值求解。1996年，Taubin和Ronfard[49]利用隐式单纯模型重构出一条简单曲线。2006年，王文平等[50,51]提出基于曲率的距离平方最小化方法，通过迭代法获得重构曲线。当数据包含大量噪声时，初始曲线的好坏对重构效果有较大的影响。第二类是先对数据进行预处理，然后再使用有序数据的拟合方法进行曲线重构。1998年，Levin[52]提出移动最小二乘(moving least square，简称MLS)法，需要对每个数据点都执行两次的局部最小二乘运算,所以整个计算过程有些烦冗。2000年,Goshtasby[53]先把不规则数据分成多个子集,然后再对每个子集进行数据拟合。

1.4 曲线数据的形状调整与编辑

自由曲线曲面在构造完成后,还需要对形状进行适当的调整和编辑。现代工业对于形状设计与构造有着严格的要求,需要不断重复“设计→构造→调整”的过程。曲线曲面的设计和构造并非一蹴而就,在确定产品外形设计的初步方案后,都会进行各项功能性指标的全面测试与评估,并且要经历很长时间的多次反复调整和重构才能达到所有的目标和要求。随着工业设计中对形状质量的要求越来越高,逐点修改不仅费时费力,而且难以既定性又定量地修改曲线曲面的形状,往往很难获得满意的效果。近年来,国内外学者对曲线曲面的形状调整与编辑开展了大量的研究,提出一些支持人工交互的高效方法。作为几何造型技术的补充,形状调整与编辑具有比较重要的理论意义和应用价值。

NURBS曲线的形状是完全由控制顶点、权因子和节点向量共同决定的,因此,绝大多数方法都会采取调整控制顶点、修改权因子和优化节点向量的方式,对形状做出修改与编辑。Piegl和Tiller从交互设计的角度出发,系统研究了NURBS曲线在不同要求下的调整方法,提出控制顶点定性和定量两种调整方法,这主要涉及控制顶点的移动和增加[1]。1995年,Léon和Trompette[54]为解决在移动控制顶点时可能出现振荡等不光顺的现象,从力学平衡原理和有限元网格方法引申出一种移动多个控制顶点的形状调整方法,借助于力学平衡原理计算出修改后曲面的控制顶点,使修改后的形状富有物理美感。胡事民等[55]通过控制顶点的最优扰动提出NURBS曲面的形状修改方法,通过最小化某个距离函数以及使用拉格朗日乘数法求解相应的条件极值问题,可满足应用需求中的各种几何约束条件,例如经过一些指定的点或者曲线。

关于权因子的调整，Piegl和Tiller首先揭示了权因子对于曲线以及相关控制顶点的几何意义，并针对简单的几何约束提出调整单个权因子以及相邻两个权因子的方法[1]。由于该方法使用了反插节点技术，即使简单调整也要重新计算权因子。1999年，Juhász[56]指出通过修改三个或四个权因子，就可在控制顶点形成的凸包范围内任意调整三维曲线上点的位置，使修改后所得曲线满足位置和切向连续的约束。但是，其没有说明同时改变多个权因子会对曲线形状产生怎样的影响。

关于节点向量的调整，由于缺乏对形状影响的几何直观性，这方面的研究工作目前仍比较少。Juhász和Hoffmann[57]研究了单个节点、两个节点和三个节点对B样条曲线形状的影响，并解决了如何通过改变节点向量使三次B样条曲线满足几何约束的问题。虽然改变节点向量可以让曲线在控制顶点形成的凸包内进行小幅度的形状调整，非常适合于局部微调与精细控制，但是节点向量在形状调整上的作用远比控制顶点要弱得多，而且操作起来也不是非常直观。相对于普遍使用的控制顶点和权因子的调整方式，调整节点向量只能使曲线进行小幅度的修改，故修改余地不是很大。因此这些因素限制了节点向量在形状调整时发挥更大作用的可能性，总体来说只能达到辅助性的补充作用。

其实，控制顶点、权因子和节点向量的调整是可以同时进行的，可综合研究这三个因素对形状的共同影响，也能取得很好的效果。Au和Yuen[58]研究了曲线在控制顶点和权因子同时改变时的形状变化，使曲线形状可以达到轻微改变的效果，但是这种修改方法缺乏简单直观的几何解释。Farin[4]提出用“权点”(weight points)同时代替控制顶点和权因子作为形状修改的工具。Sánchez-Reyes[59]利用透视变换重新计算相关的控制顶点与权因子，因此用户只需选择原点并沿着通过原点的半径方向移动控制顶点即可完成形状调整。Zheng等[60]通过位移函数对控制顶点、权因子和节点向量进行调整，也能进行升阶、控制顶点重组、节点加细和去节点等操作。

另外，也有很多基于能量优化的形状调整方法，曲线的一些自由度可以通过优化某个能量函数来确定。利用能量优化进行形状重构，不仅可满足一些特定的几何约束条件，而且能够生成整体光顺的曲线。常见的应变能定义为曲率平方的积分，在物理中通常用来表示曲线在弯曲时应满足的能量关系，其他也有一些基于曲率的内在能量。能量函数的选择，表达了设计者对目标形状的期望，这方面已获得许多研究成果[61—65]。对于三维曲线来说，Veltkamp和Wesselink[62]给出了多个内在能量函数的定义，并提出在几何约束条件下的形状优化模型。为了更好地控制和编辑曲线的曲率，Havemann等[63]提出使用分段螺线进行曲线编辑的快速局部化算法，着重于曲率单调变化的高质量曲线设计，可用于曲线拟合、曲率光顺和曲率编辑等。由于曲线的内在能量通常都是非线性函数，有时候会使用基于曲线导矢的二次能量函数，从而获得显式解以及提高效率。但是，二次能量只能看作内在能量的一种近似，从本质上来说是无法达到内在能量所能预期的优化效果。Juhász和Röth[64]提出基于二次能量优化的控制顶点移动的方法，对曲线的二次能量与形状做出调整。Yan等[65]提出一种全新的曲率曲线（κ-curve），能够避免出现诸如环状和尖点等形状上的瑕疵，虽然只是分段的二次多项式曲线，但几乎处处是曲率连续的且具有单调变化的曲率分布。

综上所述，几何造型技术已经日趋成熟，而作为几何造型技术补充手段的调整与编辑方法也取得了许多具有理论意义和应用价值的成果。总体上看，上述结论主要适用于Bézier曲线和NURBS曲线，当然它们也可以推广到张量积曲面。

1.5 内容简介

本书剩余部分的内容安排如下：

第二章，介绍CAGD中参数曲线的表示形式，包括常见的Bézier曲线、B样条曲线和分段插值曲线。这些连续的多项式曲线在几何构造时具有很多优点，将作为后续研究时的表示工具，用于数据拟合以及几何形体的形状重构。

第三章，研究加权渐进迭代逼近方法。作为传统的渐进迭代逼近方法的推广，通过引入一个权因子并分析其收敛性，极大改善了迭代时的收敛速度。该方法可用作数据拟合问题求解时的迭代法，并加入一些适当的几何约束条件，满足应用问题的需要。

第四章，提出二维曲线数据的特征识别和形状重构方法。利用特征识别方法获得二维曲线上的特征点，再结合辅助点选取产生一系列采样数据。通过特征识别和辅助点选取这两个步骤，获得二维曲线上代表性的采样数据，然后提出高质量的形状重构方法。

第五章，提出三维曲线数据的特征识别和形状重构方法。综合考虑曲率和挠率在三维曲线高质量采样时的共同影响。利用特征识别方法获得对三维形状有着关键影响的曲率极大值点和挠率极大值点，作为三维曲线的特征点。这一方法不仅能获得高质量的三维离散数据，而且对数据拟合效果也有明显改善。

第六章，提出二维数据基于曲率优化的形状重构方法。针对给定的二维数据，通过最小化曲率变化能量，重构插值数据的三次 G^1 曲线和五次 G^2 曲线，获得在形状和曲率分布上都非常出色的重构结果。研究了对数型艺术曲线的多项式转化问题，提出基于曲率最佳匹配的五次 G^2 重构方法。

第七章，提出三维曲线数据的降阶方法。首次研究了 Bernstein 基的格拉姆矩阵，分析它的性质和快速计算方法。考虑在端点处 C^ℓ 连续和 G^2 连续的约束，研究 Bézier 曲线在 L_2 误差意义下的最佳降阶问题，提出曲线降阶的一些算法。

第八章，对全书内容做一个简要的总结，并对未来工作进行了展望。

第二章　曲线参数表示

本章介绍多项式曲线的表示形式，包括Bézier曲线、B样条曲线和分段插值曲线。这些多项式形式的参数曲线是CAGD中非常基础的表示形式，具有形式简单、计算稳定和使用方便等诸多优点，获得广泛的关注与应用。在后续章节中，其将用于数据拟合和形状重构时的曲线表示形式。

2.1　Bézier曲线

在几何造型领域，多项式曲线通常表示为Bernstein-Bézier的形式[1-5]。1962年，法国工程师Pierre Bézier发明了后来被命名为Bézier曲线的一种曲线表示形式，并广泛应用于雷诺汽车公司的设计系统。移动Bézier曲线的控制顶点对改变几何物体的形状具有非常简单直观的效果，这就是所谓的“皮筋效应”。此外，Bézier曲线还具有许多优美的几何性质，从而在CAD和计算机图形学等众多领域常被用于曲线的表示形式。

定义2.1　一条n次**Bézier曲线**(Bézier curve)定义为

$$\boldsymbol{P}(t)=\sum_{i=0}^{n}B_i^n(t)\boldsymbol{p}_i,\quad t\in[0,1]. \tag{2.1}$$

$B_i^n(t)$是经典的n次**Bernstein多项式**(Bernstein polynomials)，其定义为

$$B_i^n(t)=\binom{n}{i}(1-t)^{n-i}t^i,\quad \binom{n}{i}=\frac{n!}{(n-i)!\ i!}. \tag{2.2}$$

称系数$\boldsymbol{p}_i$为曲线的**控制顶点**(control points),它们的连线段构成了曲线的**控制多边形**(control polygon)。

如果$\boldsymbol{p}_i \in \mathbb{R}^2$,那么这是一条二维或平面Bézier曲线,而当$\boldsymbol{p}_i \in \mathbb{R}^3$时是一条三维或空间Bézier曲线。

如果$p_i \in \mathbb{R}$是标量而不是向量,那么公式(2.1)所表示的是一个多项式函数,一般不再把它称为多项式曲线,这跟数学上传统的函数定义是一致的。由于此时的系数不能被看作是控制顶点,也就没有像控制顶点那样的几何意义。所以,通常来说Bézier曲线的控制顶点都是向量的形式,通过改变控制顶点的位置对曲线形状做出修改。

当$n=1$时,一次Bézier曲线刚好是经过两个点$\boldsymbol{p}_0, \boldsymbol{p}_1$的直线段,即

$$\boldsymbol{P}(t) = (1-t)\boldsymbol{p}_0 + t\boldsymbol{p}_1, \quad t \in [0, 1].$$

如果将此时参数的范围扩大为$t \in \mathbb{R}$,那么它也可以表示经过这两个点的直线。当$n \geqslant 2$时,Bézier曲线在参数t时的位置是所有控制顶点的凸线性组合。

Bernstein多项式$\{B_i^n(t)\}_{i=0}^n$构成了n次多项式空间$P_n = \text{span}\{1, t, \cdots, t^n\}$的一组基,并把这组基称为Bernstein基。例如,当$n=2$时,二次Bernstein多项式为

$$B_0^2(t) = (1-t)^2, \quad B_1^2(t) = 2(1-t)t, \quad B_2^2(t) = t^2.$$

当$n=3$时,三次Bernstein多项式为

$$B_0^3(t) = (1-t)^3, \quad B_1^3(t) = 3(1-t)^2 t, \quad B_2^3(t) = 3(1-t)t^2, \quad B_3^3(t) = t^3.$$

图2.1为三次Bernstein多项式的图形。图2.2为三次Bézier曲线的两个例子。

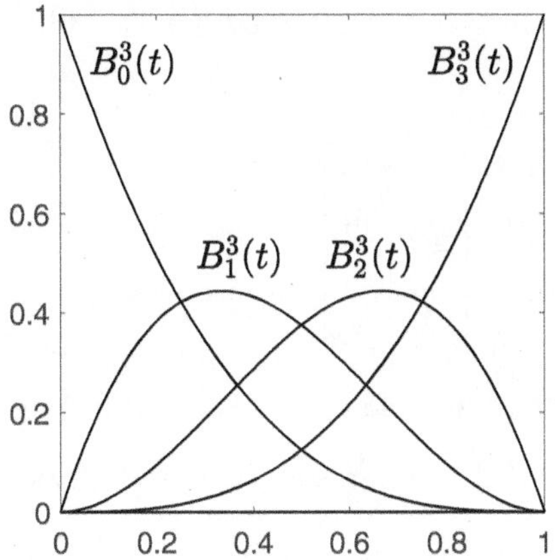

图 2.1　三次 Bernstein 多项式

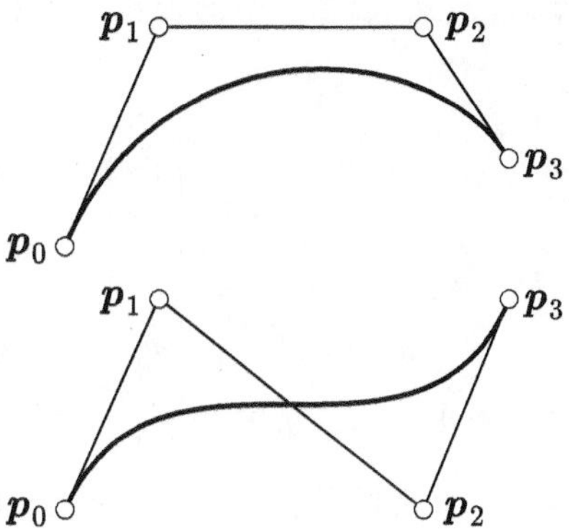

图 2.2　三次 Bézier 曲线

Bézier 曲线除了定义在区间[0, 1]上的标准形式(2.1)外，也可定义在更一般的区间$[a,b]$上。此时，需要将公式(2.1)稍加修改为

$$\boldsymbol{P}(t)=\sum_{i=0}^{n}\binom{n}{i}\left(\frac{b-t}{b-a}\right)^{n-i}\left(\frac{t-a}{b-a}\right)^{i}\boldsymbol{p}_i,\quad t\in[a,b].\tag{2.3}$$

虽然定义域发生了改变，但是只要所有控制顶点的坐标都保持不变，Bézier 曲线所在的位置和形状都是不会变化的。

借助幂基$\{1,t,\cdots,t^n\}$，一条 n 次 Bézier 曲线(2.1)也可以等价地改写为幂基的形式：

$$\boldsymbol{P}(t)=\sum_{i=0}^{n}t^i\boldsymbol{q}_i,\quad t\in[0,1].\tag{2.4}$$

从 Bernstein 基和幂基的表达式可推导出基变换矩阵 $C=[c_{ij}]_{i,j=0}^{n}$ 和 $D=[d_{ij}]_{i,j=0}^{n}$，使满足

$$[B_0^n(t),B_1^n(t),\cdots,B_n^n(t)]=[1,t,\cdots,t^n]C,$$
$$[1,t,\cdots,t^n]=[B_0^n(t),B_1^n(t),\cdots,B_n^n(t)]D,$$

其中

$$c_{ij}=\begin{cases}(-1)^{i-j}\binom{n}{i}\binom{i}{j}, & i\geqslant j,\\ 0, & i<j,\end{cases}\qquad d_{ij}=\begin{cases}\binom{i}{j}\Big/\binom{n}{j}, & i\geqslant j,\\ 0, & i<j.\end{cases}$$

那么，表达式(2.1)中的控制顶点$\{\boldsymbol{p}_i\}_{i=0}^n$和(2.4)中的系数$\{\boldsymbol{q}_i\}_{i=0}^n$就可相互转化：

$$\begin{bmatrix}\boldsymbol{p}_0\\ \boldsymbol{p}_1\\ \vdots\\ \boldsymbol{p}_n\end{bmatrix}=D\begin{bmatrix}\boldsymbol{q}_0\\ \boldsymbol{q}_1\\ \vdots\\ \boldsymbol{q}_n\end{bmatrix},\quad \begin{bmatrix}\boldsymbol{q}_0\\ \boldsymbol{q}_1\\ \vdots\\ \boldsymbol{q}_n\end{bmatrix}=C\begin{bmatrix}\boldsymbol{p}_0\\ \boldsymbol{p}_1\\ \vdots\\ \boldsymbol{p}_n\end{bmatrix}.$$

幂基形式中的系数不能解释成多项式曲线的控制顶点，它们也缺乏在形状修改时直观的几何意义。相比于幂基的形式，用Bernstein基表示的Bézier曲线具有数值计算更稳定的优点，尤其是在曲线次数非常高的时候[16]。除了幂基，多项式空间中还有Hermite基以及Legendre和Jacobi等正交基，其实不同基之间都是等价的，都可推导出相应的基变换矩阵。

Bernstein多项式具有一些非常好的性质，这些性质使构造的Bézier曲线能够适合几何造型的实际需要。性质2.1列出Bernstein多项式的主要性质。

性质2.1 Bernstein多项式$\{B_i^n(t)\}_{i=0}^n$具有如下性质：

1. 非负性：$B_i^n(t)\geqslant 0,\ \forall t\in[0,1]$。

2. 归一性：$\sum\limits_{i=0}^{n}B_i^n(t)\equiv 1=((1-t)+t)^n$。

3. 对称性：$B_i^n(t)$和$B_{n-i}^n(t)$关于定义域的中心点$t=0.5$对称，即$B_i^n(t)=B_{n-i}^n(1-t),\ \forall t\in[0,1]$。

4. 零点：$B_i^n(t)$的零点只会在两个端点$t=0,1$处出现。并且，0是它的i重零点，而1是它的$n-i$重零点。

5. 线性无关性：$\{B_i^n(t)\}_{i=0}^n$是线性无关的，并且构成了n次多项式空间$P_n=\mathrm{span}\{1,t,\cdots,t^n\}$的一组基。

6. 递归公式：$B_i^n(t)$满足递归式

$$B_i^n(t)=(1-t)B_i^{n-1}(t)+tB_{i-1}^{n-1}(t). \tag{2.5}$$

这里，约定$B_{-1}^{n-1}(t)=B_n^{n-1}(t)\equiv 0$以及$B_0^0(t)\equiv 1$。

7. 导数和积分公式：$B_i^n(t)$的导数和积分表示为

$$\frac{\mathrm{d}}{\mathrm{d}t}B_i^n(t)=n\left(B_{i-1}^{n-1}(t)-B_i^{n-1}(t)\right),\tag{2.6}$$

$$\frac{\mathrm{d}^r}{\mathrm{d}t^r}B_i^n(t)=\frac{n!}{(n-r)!}\sum_{j=\max\{0,i+r-n\}}^{\min\{i,r\}}(-1)^{r-j}\binom{r}{j}B_{i-j}^{n-r}(t),\quad 2\leqslant r\leqslant n,\tag{2.7}$$

$$\int_0^t B_i^n(u)\,\mathrm{d}u=\frac{1}{n+1}\sum_{j=i+1}^{n+1}B_j^{n+1}(t),\quad \int_0^1 B_i^n(t)\,\mathrm{d}t=\frac{1}{n+1}.\tag{2.8}$$

8. 最值：根据公式(2.6)，$B_i^n(t)$在$t=\dfrac{i}{n}$时取到最大值。

9. 乘积：两个Bernstein多项式的乘积表示为

$$B_i^m(t)B_j^n(t)=\binom{m}{i}\binom{n}{j}\Big/\binom{m+n}{i+j}B_{i+j}^{m+n}(t).\tag{2.9}$$

从Bernstein多项式的性质，可推导出Bézier曲线具有如下性质。

性质2.2（端点插值性）　Bézier曲线满足$\boldsymbol{P}(0)=\boldsymbol{p}_0$和$\boldsymbol{P}(1)=\boldsymbol{p}_n$。因此，Bézier曲线起始于第一个控制顶点$\boldsymbol{p}_0$，并且终止于最后一个控制顶点$\boldsymbol{p}_n$。

性质2.3（导矢）　利用Bernstein多项式的导数公式，Bézier曲线的一阶导矢表示为

$$\boldsymbol{P}'(t)=n\sum_{i=0}^{n-1}B_i^{n-1}(t)\Delta\boldsymbol{p}_i,$$

其中$\Delta\boldsymbol{p}_i:=\boldsymbol{p}_{i+1}-\boldsymbol{p}_i$是向前差分算子。特别地，曲线在两个端点处的一阶导矢为

$$\boldsymbol{P}'(0)=n(\boldsymbol{p}_1-\boldsymbol{p}_0),\quad \boldsymbol{P}'(1)=n(\boldsymbol{p}_n-\boldsymbol{p}_{n-1}).\tag{2.10}$$

因此，曲线在端点处分别相切于控制多边形的第一条边和最后一条边。更一般地，Bézier曲线的任意r阶导矢表示为

$$\boldsymbol{P}^{(r)}(t)=\frac{n!}{(n-r)!}\sum_{i=0}^{n-r}B_i^{n-r}(t)\Delta^r\boldsymbol{p}_i,\quad 2\leqslant r\leqslant n,$$

其中

$$\Delta^r \boldsymbol{p}_i := \Delta^{r-1}\boldsymbol{p}_{i+1} - \Delta^{r-1}\boldsymbol{p}_i = \sum_{i=0}^{r}(-1)^{r-i}\binom{r}{i}\boldsymbol{p}_i$$

是高阶差分算子。曲线在两个端点处的r阶导矢为

$$\boldsymbol{P}^{(r)}(0) = \frac{n!}{(n-r)!}\Delta^r \boldsymbol{p}_0, \quad \boldsymbol{P}^{(r)}(1) = \frac{n!}{(n-r)!}\Delta^r \boldsymbol{p}_{n-r}. \qquad (2.11)$$

性质 2.4（对称性） 如果一条 Bézier 曲线的控制顶点为$\{\boldsymbol{p}_0, \boldsymbol{p}_1, \cdots, \boldsymbol{p}_n\}$,那么它也可表示成另一条以$\{\boldsymbol{p}_n, \boldsymbol{p}_{n-1}, \cdots, \boldsymbol{p}_0\}$为控制顶点的 Bézier曲线,即

$$\boldsymbol{P}(t) = \sum_{i=0}^{n} B_i^n(t)\boldsymbol{p}_i = \sum_{i=0}^{n} B_i^n(1-t)\boldsymbol{p}_{n-i}, \quad t \in [0,1].$$

尽管控制顶点的顺序相反,但是所定义曲线的形状是一样的,只是曲线的走向刚好相反。

性质 2.5（保凸性） 如果一条Bézier曲线的控制多边形是凸的,那么相应的曲线也是凸的。

性质 2.6（凸包性） 一条 Bézier 曲线总是位于所有控制顶点$\{\boldsymbol{p}_0, \boldsymbol{p}_1, \cdots, \boldsymbol{p}_n\}$形成的凸包内,即包含在这$n+1$个控制顶点的最小凸集内。这是因为曲线上的点都是控制顶点的凸线性组合。

性质 2.7（伪局部调整性） 如果只改变Bézier曲线的一个控制顶点,比如说$\boldsymbol{p}_i$,那么曲线在参数$t = i/n$附近的区域内变化最大。这是因为Bernstein 多项式$B_i^n(t)$在$t = i/n$处达到唯一的最大值。尽管Bézier曲线没有像第2.2节中B样条曲线那样的局部调整性,但是该性质可用于预判某个控制顶点的改变对曲线形状的大概影响。

性质 2.8（升阶公式） 一条n次 Bézier曲线总是可以表示成$n+1$次的Bézier曲线,并且形状保持不变,即

$$\boldsymbol{P}(t) = \sum_{i=0}^{n} B_i^n(t)\boldsymbol{p}_i = \sum_{i=0}^{n+1} B_i^{n+1}(t)\hat{\boldsymbol{p}}_i,$$

其中(约定$\boldsymbol{p}_{-1} = \boldsymbol{p}_{n+1} = \boldsymbol{0}$)

$$\hat{\boldsymbol{p}}_i = \frac{i}{n+1}\boldsymbol{p}_{i-1} + \frac{n+1-i}{n+1}\boldsymbol{p}_i, \quad i = 0, 1, \cdots, n+1. \tag{2.12}$$

更一般地，经过 $r \geqslant 2$ 次重复升阶后，原曲线在形式上是 $n+r$ 次的 Bézier 曲线

$$\boldsymbol{P}(t) = \sum_{i=0}^{n} B_i^n(t)\boldsymbol{p}_i = \sum_{i=0}^{n+r} B_i^{n+r}(t)\hat{\boldsymbol{p}}_i, \quad i = 0, 1, \cdots, n+r,$$

其中

$$\hat{\boldsymbol{p}}_i = \sum_{j=\max\{0, i-r\}}^{\min\{n, i\}} \binom{r}{i-j}\binom{n}{j} \Big/ \binom{n+r}{i} \boldsymbol{p}_j. \tag{2.13}$$

实际上，随着曲线次数的不断提高，升阶后曲线的控制多边形将会收敛于原曲线，但收敛速度却是非常缓慢的。这里所谓的升阶只是从形式上看，次数升高了，但本质上表示该曲线所需的最低次数是不变的。这也意味着从 Bézier 曲线的表达式是看不出曲线的实际次数的。

性质 2.9（退化条件） 如果 n 次 Bézier 曲线的控制顶点 $\{\boldsymbol{p}_i\}_{i=0}^{n}$ 满足

$$\boldsymbol{0} = \Delta^n \boldsymbol{p}_0 = \sum_{i=0}^{n} (-1)^{n-i} \binom{n}{i} \boldsymbol{p}_i,$$

那么该曲线本质上是 $n-1$ 次的，只是在形式上是 n 次的。即

$$\boldsymbol{P}(t) = \sum_{i=0}^{n} B_i^n(t)\boldsymbol{p}_i = \sum_{i=0}^{n-1} B_i^{n-1}(t)\tilde{\boldsymbol{p}}_i,$$

其中 $\tilde{\boldsymbol{p}}_0 = \boldsymbol{p}_0$，$\tilde{\boldsymbol{p}}_{n-1} = \boldsymbol{p}_n$ 以及

$$\tilde{\boldsymbol{p}}_i = \frac{n}{n-i}\boldsymbol{p}_i - \frac{i}{n-i}\tilde{\boldsymbol{p}}_{i-1}, \quad i = 1, 2, \cdots, n-2.$$

或者根据归纳法，可得

$$\tilde{\boldsymbol{p}}_i = \sum_{j=0}^{i} (-1)^{i-j} \binom{n}{j} \Big/ \binom{n-1}{i} \boldsymbol{p}_j, \quad i = 0, 1, \cdots, n-1.$$

性质 2.10（线性精确性） 对于一条直线段 $\boldsymbol{ab}$，它总是能被表示成任意 n 次的 Bézier 曲线，即

$$(1-t)\boldsymbol{a}+t\boldsymbol{b}=\sum_{i=0}^{n}B_i^n(t)\boldsymbol{p}_i,\quad t\in[0,1],$$

$$\boldsymbol{p}_i=\frac{n-i}{n}\boldsymbol{a}+\frac{i}{n}\boldsymbol{b},\quad i=0,1,\cdots,n.$$

这是因为Bernstein多项式满足归一性以及恒等式

$$t=\sum_{i=0}^{n}\frac{i}{n}B_i^n(t),\quad t\in[0,1].\tag{2.14}$$

控制顶点$\boldsymbol{p}_i$是在直线段$\boldsymbol{ab}$上的$n+1$个距离等分点。

性质2.11（仿射不变性） 对于任意的一个仿射变换ψ，Bézier曲线在仿射变换后的表达式保持不变，即

$$\psi(\boldsymbol{P}(t))=\psi\left(\sum_{i=0}^{n}B_i^n(t)\boldsymbol{p}_i\right)=\sum_{i=0}^{n}B_i^n(t)\psi(\boldsymbol{p}_i),$$

其控制顶点刚好是原来的控制顶点经相同仿射变换后得到的。因此，Bézier曲线仅依赖于控制顶点，与坐标系的位置和方向无关，曲线形状在坐标系平移和旋转后保持不变。

性质2.12（变差缩减性） 平面Bézier曲线与该平面内任意一条直线的交点个数不多于其相应的控制多边形与该直线的交点个数。这里交点个数指穿过直线而不是接触直线的次数。

性质2.13（de Casteljau算法） 对于一条Bézier曲线$\boldsymbol{P}(t)=\sum_{i=0}^{n}B_i^n(t)\boldsymbol{p}_i$，$t\in[0,1]$，de Casteljau算法能够高效计算曲线在任意参数$t\in(0,1)$时的位置。利用Bernstein多项式的递归式(2.5)，容易推导出

$$\boldsymbol{P}(t)=\sum_{i=0}^{n}B_i^n(t)\boldsymbol{p}_i^0=\sum_{i=0}^{n-1}B_i^{n-1}(t)\boldsymbol{p}_i^1=\cdots=\sum_{i=0}^{0}B_i^0(t)\boldsymbol{p}_i^n=\boldsymbol{p}_0^n,$$

其中$\boldsymbol{p}_i^0=\boldsymbol{p}_i$，$i=0,1,\cdots,n$，以及当$r\in\{1,2,\cdots,n\}$时，$\boldsymbol{p}_i^r=(1-t)\boldsymbol{p}_i^{r-1}+t\boldsymbol{p}_{i+1}^{r-1}$，$i=0,1,\cdots,n-r$。de Casteljau算法的步骤如下：

Step1 取初值$\boldsymbol{p}_i^0=\boldsymbol{p}_i$，$i=0,1,\cdots,n$。

Step2 对于每个$r\in\{1,2,\cdots,n\}$，计算$\boldsymbol{p}_i^r=(1-t)\boldsymbol{p}_i^{r-1}+t\boldsymbol{p}_{i+1}^{r-1}$，$i=0,1,\cdots,n-r$。

Step3　$\boldsymbol{p}_0^n$就是Bézier曲线在参数t时的位置。

1959年，法国雪铁龙公司的数学家Paul de Casteljau提出Bézier曲线的求值算法，后来被命名为de Casteljau算法。de Casteljau其实是在不知道Pierre Bézier的工作的背景下开展的独立研究，提出使用Bernstein多项式作为曲线的表示形式，并提出通过线性插值的方式获得曲线上点的位置。

de Casteljau算法在求值过程中产生的点可按照三角形的方式计算：

$$\begin{array}{ccccc}
\boldsymbol{p}_0^0 & & & & \\
\boldsymbol{p}_1^0 & \boldsymbol{p}_0^1 & & & \\
\boldsymbol{p}_2^0 & \boldsymbol{p}_1^1 & \boldsymbol{p}_0^2 & & \\
\vdots & \vdots & \vdots & \ddots & \\
\boldsymbol{p}_n^0 & \boldsymbol{p}_{n-1}^1 & \boldsymbol{p}_{n-2}^2 & \cdots & \boldsymbol{p}_0^n
\end{array}
\qquad
\begin{array}{cc}
* & \\
 & \searrow^{1-t} \\
* & \xrightarrow[t]{} *
\end{array}$$

按照从左到右的顺序，每个新的点都是左边两个点的线性组合，并且所有的组合系数都是$\{1-t, t\}$。de Casteljau算法的复杂度是$O(n^2)$，具有非常稳定和鲁棒的优点。

图2.3为三次Bézier曲线在$t=0.3$和0.5时的计算过程，$\boldsymbol{p}_0^3$是在曲线上的对应位置。当$t=0.5$时，de Casteljau算法正好是著名的中点割角算法，每次新产生的点都来自所在边的中点。当$t \neq 0.5$时，每次在所在边上取一个定比分点。

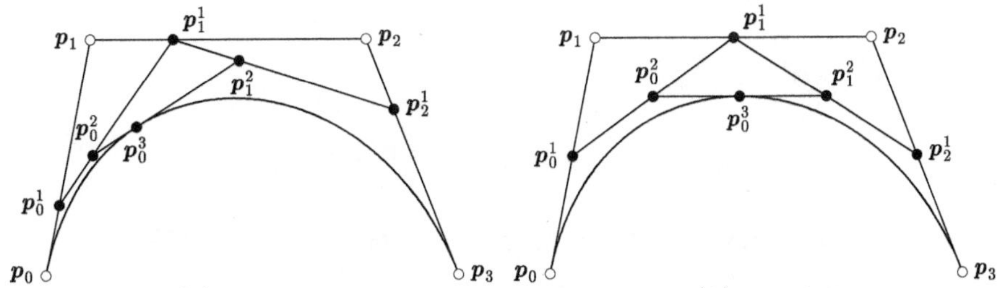

(a) $t = 0.3$　　(b) $t = 0.5$

图2.3　de Casteljau**算法**

如果取$t = c \in (0,1)$，de Casteljau算法的计算过程结束后，刚好把原来的一条Bézier曲线分割成两段子曲线,并且以部分点$\boldsymbol{p}_i^r$作为它们的控制顶点。具体地说,对应于$t\in[0,c]$的第一段子曲线和对应于$t\in[c,1]$的第二段子曲线的表达式分别为

$$\boldsymbol{P}^{\mathrm{I}}(t)=\sum_{i=0}^{n}B_i^n\left(\frac{t}{c}\right)\boldsymbol{p}_0^i,\quad t\in[0,c],$$

$$\boldsymbol{P}^{\mathrm{II}}(t)=\sum_{i=0}^{n}B_i^n\left(\frac{t-c}{1-c}\right)\boldsymbol{p}_i^{n-i},\quad t\in[c,1].$$

这是因为当$t\in[0,c]$时,只要对第一段子曲线进行参数变换,就能得到定义在标准区间[0, 1]上的Bézier曲线表示,具体推导过程如下。利用公式

$$\begin{aligned}B_i^n(ct)&=\binom{n}{i}(1-ct)^{n-i}(ct)^i=\binom{n}{i}[1-t+(1-c)t]^{n-i}(ct)^i\\&=\sum_{j=0}^{n-i}\binom{n}{i}\binom{n-i}{j}(1-c)^jc^i(1-t)^{n-i-j}t^{i+j}\\&=\sum_{j=i}^{n}\binom{n}{i}\binom{n-i}{j-i}(1-c)^{j-i}c^i(1-t)^{n-j}t^j\\&=\sum_{j=i}^{n}B_i^j(c)B_j^n(t),\quad i=0,1,\cdots,n,\end{aligned}$$

第一段子曲线可改写为

$$\begin{aligned}\boldsymbol{P}^{\mathrm{I}}(t)&=\sum_{i=0}^{n}B_i^n\left(c\times\frac{t}{c}\right)\boldsymbol{p}_i=\sum_{i=0}^{n}\left(\sum_{j=i}^{n}B_i^j(c)B_j^n\left(\frac{t}{c}\right)\right)\boldsymbol{p}_i\\&=\sum_{i=0}^{n}B_i^n\left(\frac{t}{c}\right)\left(\sum_{j=0}^{i}B_j^i(c)\boldsymbol{p}_j\right),\quad t\in[0,c],\end{aligned}$$

它的控制顶点刚好就是$\boldsymbol{p}_0^i$,即

$$\boldsymbol{p}_0^i=\sum_{j=0}^{i}B_j^i(c)\boldsymbol{p}_j,\quad i=0,1,\cdots,n.$$

对于另外一段子曲线,类似可证;或者,利用对称性直接得到结论。

2.2　B样条曲线

20世纪40年代,Schoenberg开始将B样条函数用于数值逼近的研究。1974年,Gordon和Riesenfeld将B样条函数推广到向量的形式,形成B样条曲线和曲面。相对于Bézier曲线和曲面中使用的Bernstein基函数,B样条基函数具有分段连续和局部支撑的特点,这使得B样条曲线和曲面具有连续阶数可调和形状局部可控的优良性质[1]。

首先,介绍B样条基函数的定义及其性质。

令$T=\{t_0,t_1,\cdots,t_m\}$是一个递增的序列,其中$t_i\leqslant t_{i+1}$,$i=0,1,\cdots,m-1$。通常称t_i为**节点**(knot),而称T为**节点向量**(knot vector)。若出现$t_{i-1}<t_i=t_{i+1}=\cdots=t_{i+\ell-1}<t_{i+\ell}$,即节点$t_i$在节点向量中重复出现$\ell$次,则称$t_i$是节点向量的$\ell$重节点。

定义2.2　设$T=\{t_0,t_1,\cdots,t_m\}$为节点向量。称如下表示的函数$N_{i,k}(t)$是定义在节点向量T上的k次($k+1$阶)**B样条基函数**(B-spline basis function):

$$N_{i,0}(t)=\begin{cases}1, & t\in[t_i,t_{i+1}),\\ 0, & 其他,\end{cases}\tag{2.15}$$

$$N_{i,k}(t)=\frac{t-t_i}{t_{i+k}-t_i}N_{i,k-1}(t)+\frac{t_{i+k+1}-t}{t_{i+k+1}-t_{i+1}}N_{i+1,k-1}(t),\quad k\geqslant 1.\tag{2.16}$$

这里,规定若出现0/0的情况,则取其值为0。

如果所有内部节点之间的间距都是相等的(即$t_{i+1}-t_i=h$,$k\leqslant i\leqslant m-k-1$),则称节点向量是**均匀**的;否则,就称节点向量是**非均匀**的。如果节点向量是均匀的,则定义2.2中表示的基函数是**均匀B样条基函数**。如果节点向量是非均匀的,则定义2.2中表示的基函数是**非均匀B样条基函数**。

如果次数为零(即$k=0$),此时的B样条基函数是阶梯函数,并且只有在一个节点区间$[t_i,t_{i+1})$上的值都等于1,这是公式(2.15)所表达的。公式

(2.16)通常被称作**de Boor-Cox公式**。这个公式不是显式的,看起来有些复杂,但其实比较容易理解。从de Boor-Cox公式的递归定义可知,高次B样条基函数表示为低次B样条基函数的组合,所以非常适合编程实现。每个B样条基函数都是定义在区间$[t_i, t_{i+k+1})$上,它的具体表达式依赖于节点向量的选取,另外也要注意重节点对基函数的影响。

文献中也有一些通过别的方式来定义的B样条基函数,例如差商和积分,然后再研究B样条的性质和应用。然而,de Boor-Cox公式的递归定义具有容易理解和编程易实现的优点,综合来说具有最好的实用性,所以获得了广泛的使用。

对于低次的B样条基函数,很容易从de Boor-Cox公式推导出它们的具体表达式。例如,当$k = 1$时,一次B样条基函数表示为

$$\begin{aligned} N_{i,1}(t) &= \frac{t - t_i}{t_{i+1} - t_i} N_{i,0}(t) + \frac{t_{i+2} - t}{t_{i+2} - t_{i+1}} N_{i+1,0}(t) \\ &= \begin{cases} \dfrac{t - t_i}{t_{i+1} - t_i}, & t \in [t_i, t_{i+1}), \\ \dfrac{t_{i+2} - t}{t_{i+2} - t_{i+1}}, & t \in [t_{i+1}, t_{i+2}), \\ 0, & \text{其他}. \end{cases} \end{aligned} \tag{2.17}$$

一次B样条基函数$N_{i,1}(t)$是定义在两个节点区间$\{[t_i, t_{i+1}), [t_{i+1}, t_{i+2})\}$上的分段一次函数,表示连接三个点$\{(t_i, 0), (t_{i+1}, 1), (t_{i+2}, 0)\}$的两条直线段。它只跟三个相邻节点$\{t_i, t_{i+1}, t_{i+2}\}$有关,而跟其他节点无关。如果$t_i < t_{i+1} = t_{i+2}$,即$t_{i+1}$是二重节点,那么$N_{i,1}(t)$就只定义在一个节点区间$[t_i, t_{i+1})$上,是连接两点$\{(t_i, 0), (t_{i+1}, 1)\}$的直线段。

当$k = 2$时,二次B样条基函数具有显式表达式

$$N_{i,2}(t)=\frac{t-t_i}{t_{i+2}-t_i}N_{i,1}(t)+\frac{t_{i+3}-t}{t_{i+3}-t_{i+1}}N_{i+1,1}(t)$$

$$=\begin{cases}\dfrac{(t-t_i)^2}{(t_{i+1}-t_i)(t_{i+2}-t_i)}, & t\in[t_i,t_{i+1}),\\ \dfrac{(t-t_i)(t_{i+2}-t)}{(t_{i+2}-t_i)(t_{i+2}-t_{i+1})}+\dfrac{(t-t_{i+1})(t_{i+3}-t)}{(t_{i+2}-t_{i+1})(t_{i+3}-t_{i+1})}, & t\in[t_{i+1},t_{i+2}),\\ \dfrac{(t_{i+3}-t)^2}{(t_{i+3}-t_{i+1})(t_{i+3}-t_{i+2})}, & t\in[t_{i+2},t_{i+3}),\\ 0, & \text{其他}.\end{cases}$$

(2.18)

这也就是说，二次B样条基函数$N_{i,2}(t)$是定义在三个节点区间上的分段二次多项式函数，只跟四个相邻节点$\{t_i,t_{i+1},t_{i+2},t_{i+3}\}$有关，而跟其他节点无关。如果节点$\{t_i,t_{i+1},t_{i+2},t_{i+3}\}$中出现了重节点，那么表达式(2.18)就要稍做修改。

当$k=3$时，三次B样条基函数的表达式

$$N_{i,3}(t)=\frac{t-t_i}{t_{i+3}-t_i}N_{i,2}(t)+\frac{t_{i+4}-t}{t_{i+4}-t_{i+1}}N_{i+1,2}(t)$$

$$=\begin{cases}\dfrac{(t-t_i)^3}{(t_{i+1}-t_i)(t_{i+2}-t_i)(t_{i+3}-t_i)}, & t\in[t_i,t_{i+1}),\\ \dfrac{(t-t_i)^2(t_{i+2}-t)}{(t_{i+2}-t_i)(t_{i+2}-t_{i+1})(t_{i+3}-t_i)}+\dfrac{(t-t_i)(t-t_{i+1})(t_{i+3}-t)}{(t_{i+2}-t_{i+1})(t_{i+3}-t_i)(t_{i+3}-t_{i+1})}\\ \quad+\dfrac{(t-t_{i+1})^2(t_{i+4}-t)}{(t_{i+2}-t_{i+1})(t_{i+3}-t_{i+1})(t_{i+4}-t_{i+1})}, & t\in[t_{i+1},t_{i+2}),\\ \dfrac{(t-t_i)(t_{i+3}-t)^2}{(t_{i+3}-t_i)(t_{i+3}-t_{i+1})(t_{i+3}-t_{i+2})}+\dfrac{(t-t_{i+1})(t_{i+3}-t)(t_{i+4}-t)}{(t_{i+3}-t_{i+1})(t_{i+3}-t_{i+2})(t_{i+4}-t_{i+1})}\\ \quad+\dfrac{(t-t_{i+2})(t_{i+4}-t)^2}{(t_{i+3}-t_{i+2})(t_{i+4}-t_{i+1})(t_{i+4}-t_{i+2})}, & t\in[t_{i+2},t_{i+3}),\\ \dfrac{(t_{i+4}-t)^3}{(t_{i+4}-t_{i+1})(t_{i+4}-t_{i+2})(t_{i+4}-t_{i+3})}, & t\in[t_{i+3},t_{i+4}),\\ 0, & \text{其他}.\end{cases}$$

(2.19)

三次B样条基函数$N_{i,3}(t)$是定义在四个节点区间上的分段三次多项式函数，只跟五个相邻节点$\{t_i,t_{i+1},t_{i+2},t_{i+3},t_{i+4}\}$有关，而跟其他节点无关。

实际上，低次B样条基函数的表达式都可以通过de Boor-Cox公式得

到。由于三次B样条使用最广以及再高次数的B样条在实际中一般都用不到,这里只列到三次为止。

图2.4为三次均匀B样条基函数的一个例子,节点向量取为{0,0,0,0,1,2,3,4,5,5,5,5}。在图中,基函数$N_{3,3}(t)$和$N_{4,3}(t)$在水平方向相差一个单位。由于0是四重节点,$N_{0,3}(t)$定义在区间[0, 1]上,并且$N_{0,3}(0)=1$。类似地,$N_{7,3}(t)$定义在区间[4, 5]上,并且$N_{7,3}(5)=1$。

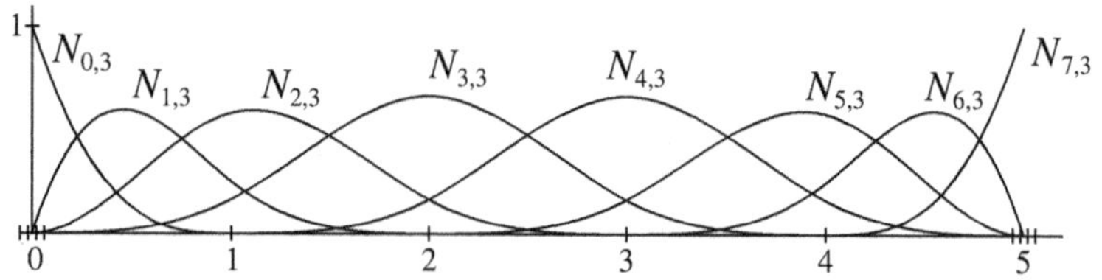

图2.4　三次B样条基函数

B样条基函数具有如下性质。

性质2.14（正性和局部支撑性）　B样条基函数$N_{i,k}(t)$在区间(t_i, t_{i+k+1})上大于0,在该区间外都等于0。即

$$N_{i,k}(t)\begin{cases} >0, & t\in(t_i, t_{i+k+1}), \\ =0, & \text{其他}. \end{cases} \tag{2.20}$$

因此,对于区间(t_i, t_{i+1})来说,只有$k+1$个k次B样条基函数$N_{i-k,k}(t), N_{i-k+1,k}(t), \cdots, N_{i,k}(t)$是正的,其余的B样条基函数都取值为0。

性质2.15（归一性）　B样条基函数满足

$$\sum_{j=-\infty}^{+\infty} N_{j,k}(t) = \sum_{j=i-k}^{i} N_{j,k}(t) \equiv 1, \quad \forall t\in[t_i, t_{i+1}). \tag{2.21}$$

证　在节点区间$[t_i, t_{i+1})$上,因为

$$\begin{aligned} \sum_{j=i-k}^{i} N_{j,k}(t) &= \sum_{j=i-k}^{i} \frac{t-t_j}{t_{j+k}-t_j} N_{j,k-1}(t) + \sum_{j=i-k}^{i} \frac{t_{j+k+1}-t}{t_{j+k+1}-t_{j+1}} N_{j+1,k-1}(t) \\ &= \sum_{j=i-k+1}^{i} \left(\frac{t-t_j}{t_{j+k}-t_j} + \frac{t_{j+k}-t}{t_{j+k}-t_j} \right) N_{j,k-1}(t) = \sum_{j=i-k+1}^{i} N_{j,k-1}(t), \end{aligned}$$

利用数学归纳法就可证明归一性。□

性质2.16（分段多项式） $N_{i,k}(t)$在每个非零节点区间$[t_i, t_{i+1})$上都是次数不超过k次的多项式。因此，$N_{i,k}(t)$是次数不超过k次的分段多项式。

性质2.17（导数公式） $N_{i,k}(t)$的导数为

$$N'_{i,k}(t)=\frac{k}{t_{i+k}-t_i}N_{i,k-1}(t)-\frac{k}{t_{i+k+1}-t_{i+1}}N_{i+1,k-1}(t). \quad (2.22)$$

性质2.18（可退化性） 定义在两端均为$k+1$重节点的区间上的$k+1$个k次B样条基函数退化为$k+1$个k次的Bernstein基函数。如果取节点向量为

$$T=\{\underbrace{a=\cdots=a=t_i}_{k+1}<\underbrace{t_{i+1}=b=\cdots=b}_{k+1}\},$$

那么

$$N_{j,k}(t)=B^k_{j-i+k}\left(\frac{t-a}{b-a}\right),\ j=i-k,i-k+1,\cdots,i,\quad t\in[a,b].$$

这里，$B^k_{j-i+k}(t)$表示定义在区间$[a,b]$上的k次Bernstein基函数。

性质2.19 如果取节点向量为

$$T=\{t_0,t_1,\cdots,t_m\}=\{\underbrace{a,a,\cdots,a}_{k+1},t_{k+1},\cdots,t_{m-k-1},\underbrace{b,b,\cdots,b}_{k+1}\},$$

那么B样条基函数$N_{i,k}(t)$的个数是$n+1$个，其中$n=m-k-1$。并且，$N_{i,k}(t)$在$t=a,b$处满足

$$N_{0,k}(a)=1,\quad N_{i,k}(a)=0,\ i\neq 0,$$
$$N_{n,k}(b)=1,\quad N_{i,k}(b)=0,\ i\neq n.$$

例如当$t=a$时，因为$N_{0,0}(a)=N_{1,0}(a)=\cdots=N_{k-1,0}(a)=0$，所以$N_{0,k}(a)=N_{k,0}(a)=1$。

在B样条基函数的基础上，下面给出B样条曲线的定义。不失一般性，取节点向量为

$$T=\{t_0,t_1,\cdots,t_m\}=\{\underbrace{a,a,\cdots,a}_{k+1},t_{k+1},\cdots,t_{m-k-1},\underbrace{b,b,\cdots,b}_{k+1}\}. \quad (2.23)$$

此时,首末节点的重数都是 $k+1$。这样做的好处是使构造出来的B样条曲线具有端点插值性,更方便于曲线设计。

定义 2.3 一条 k 次**B样条曲线**(B-spline curve)定义为

$$P(t)=\sum_{i=0}^{n}N_{i,k}(t)p_i,\quad t\in[a,b]. \tag{2.24}$$

称 p_i 为曲线的**控制顶点**,以及 $N_{i,k}(t)$ 是定义在节点向量

$$T=\{t_0,t_1,\cdots,t_m\}=\{\underbrace{a,a,\cdots,a}_{k+1},t_{k+1},\cdots,t_{m-k-1},\underbrace{b,b,\cdots,b}_{k+1}\}$$

上的 k 次B样条基函数。

如果 $p_i\in\mathbb{R}^2$,那么这是一条二维或平面B样条曲线,而当 $p_i\in\mathbb{R}^3$ 时是一条三维或空间B样条曲线。

通常,取B样条曲线的定义域为[0, 1]。如果节点向量 T 是均匀的,那么称曲线(2.24)为**均匀B样条曲线**。如果节点向量 T 是非均匀的,那么称曲线(2.24)为**非均匀B样条曲线**。

图2.5为三次均匀B样条曲线的一个例子,节点向量取为{0,0,0,0,1,2,3,4,5,5,5,5}。它由五段曲线构成,在连接点处都是 C^2 连续的。

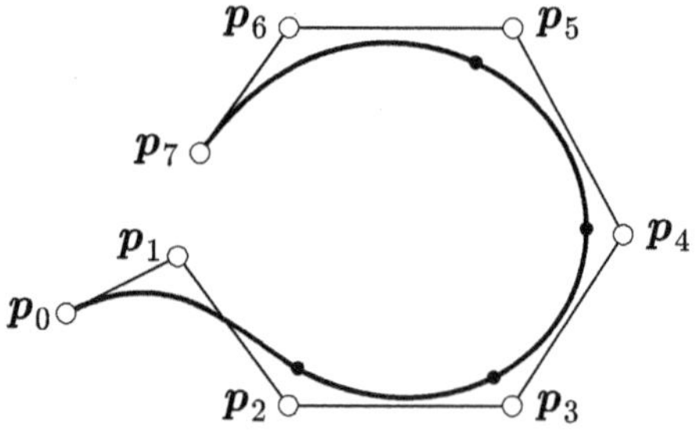

图2.5 三次B样条曲线

从B样条基函数的性质,可推导出B样条曲线具有如下性质。

性质 2.20(端点插值性) B样条曲线插值于控制多边形的两个端点,即 $P(a)=p_0$ 和 $P(b)=p_n$。因此,B样条曲线起始于第一个控制顶点 p_0,并

且终止于最后一个控制顶点$\boldsymbol{p}_n$。

性质2.21（表示唯一性） k次B样条曲线具有唯一的表示形式。即，如果

$$\boldsymbol{P}(t)=\sum_{i=0}^{n}N_{i,k}(t)\boldsymbol{p}_i=\sum_{i=0}^{n}N_{i,k}(t)\bar{\boldsymbol{p}}_i,\quad t\in[a,b],$$

那么$\boldsymbol{p}_i=\bar{\boldsymbol{p}}_i, i=0,1,\cdots,n$。这意味着B样条基函数$\{N_{i,k}(t)\}_{i=0}^{n}$是线性无关的。

性质2.22（凸包性） B样条曲线总是落在其控制顶点的凸包内。

性质2.23（分段多项式） B样条曲线在每个节点区间$[t_i,t_{i+1})$上都是关于参数t的k次多项式曲线。每新增一个控制顶点，就需要同时增加一个节点，从而增加一段曲线。

性质2.24（局部调整性） 根据B样条基函数的局部支撑性，如果只改变一个控制顶点$\boldsymbol{p}_i$，那么曲线仅在位于区间$[t_i,t_{i+k+1})$内的$k+1$段曲线会发生改变，而其余部分不会受到影响。这极大增加了B样条曲线的灵活性。

性质2.25（连续阶性） k次B样条曲线在每个非零节点区间的内部都是C^∞连续的，而在重数为ℓ的节点处至少是$C^{k-\ell}$连续的。

性质2.26（可退化性） 如果取节点向量为

$$T=\{\underbrace{a=\cdots=a=t_i}_{k+1}<\underbrace{t_{i+1}=b=\cdots=b}_{k+1}\},$$

那么定义在区间$[a,b]$上的这段B样条曲线刚好是k次Bézier曲线

$$\boldsymbol{P}(t)=\sum_{i=0}^{k}B_i^k\left(\frac{t-a}{b-a}\right)\boldsymbol{p}_i,\quad t\in[a,b].$$

性质2.27（几何与仿射不变性） B样条曲线的形状和位置只依赖于控制顶点，与坐标系的选取无关。即对控制顶点作仿射变换后得到的曲线，与对曲线作相同仿射变换所得的结果相同。

性质2.28（变差缩减性） 设平面内$n+1$个控制顶点构成B样条曲线

的控制多边形。在该平面内任意一条直线与该B样条曲线的交点个数不会多于该直线与控制多边形的交点个数。

性质2.29（de Boor算法） 对定义在节点向量

$$T=\{t_0,t_1,\cdots,t_m\}=\{\underbrace{a,a,\cdots,a}_{k+1},t_{k+1},\cdots,t_{m-k-1},\underbrace{b,b,\cdots,b}_{k+1}\}$$

上的B样条曲线 $\boldsymbol{P}(t)=\sum_{i=0}^{n}N_{i,k}(t)\boldsymbol{p}_i,\ t\in[a,b]$，de Boor算法能够高效计算B样条曲线在参数 $t\in(a,b)$ 时的位置。首先，找到 $t\in[t_\ell,t_{\ell+1})$ 所在节点区间的索引 ℓ，取初值 $\boldsymbol{p}_i^0=\boldsymbol{p}_i,\ i=\ell-k,\cdots,\ell$。然后，对于每个 $r\in\{1,2,\cdots,k\}$，计算

$$\boldsymbol{p}_i^r=\frac{t_{i+k-r+1}-t}{t_{i+k-r+1}-t_i}\boldsymbol{p}_{i-1}^{r-1}+\frac{t-t_i}{t_{i+k-r+1}-t_i}\boldsymbol{p}_i^{r-1},\quad i=\ell-k+r,\cdots,\ell.$$

最后，$\boldsymbol{p}_\ell^k$ 就是B样条曲线在参数 t 时的位置。

B样条拟合问题：针对一个给定的有序点集 $\{\boldsymbol{q}_j\}_{j=0}^N$，寻找一条B样条曲线

$$\boldsymbol{P}(t)=\sum_{i=0}^{n}N_{i,k}(t)\boldsymbol{p}_i,\quad t\in[a,b],$$

使得B样条曲线和所有数据点之间的某个距离函数达到最小。不失一般性，取B样条曲线的定义域为[0, 1]。在求解拟合曲线的控制顶点之前，首先要确定B样条的节点向量，假设为

$$T=\{t_0,t_1,\cdots,t_m\}=\{\underbrace{0,0,\cdots,0}_{k+1},t_{k+1},\cdots,t_{m-k-1},\underbrace{1,1,\cdots,1}_{k+1}\}.$$

为了定义B样条拟合的距离函数，假设数据点 $\boldsymbol{q}_j$ 在B样条曲线上的对应点为 $\boldsymbol{P}(\bar{t}_j)$，$j=0,1,\cdots,N$。那么，需要确定所有参数 $\{\bar{t}_j\}_{j=0}^N$ 的值，此即数据的参数化问题。取

$$\bar{t}_0=0,\quad \bar{t}_j=\bar{t}_{j-1}+\frac{\|\boldsymbol{q}_j-\boldsymbol{q}_{j-1}\|^\alpha}{\sum_{j=1}^{N}\|\boldsymbol{q}_j-\boldsymbol{q}_{j-1}\|^\alpha},\ j=1,2,\cdots,N. \tag{2.25}$$

文献中出现三种常见的参数化方法[4]：均匀参数化（$\alpha=0$），弦长参数化

($\alpha = 1$)和向心参数化($\alpha = 0.5$)。均匀参数化在定义域内取等距参数,总是忽略数据点的几何信息,因此只适用于一些比较简单的情形。弦长参数化考虑数据点之间的距离信息,是一种广泛使用的方法。而当碰到数据点之间的距离相差比较大时,向心参数化是一种更好的选择。

最小二乘法是求解B样条拟合问题的一种经典方法。定义拟合问题为

$$\min \sum_{j=0}^{N} \left\| \sum_{i=0}^{n} N_{i,k}(\bar{t}_j) \boldsymbol{p}_i - \boldsymbol{q}_j \right\|^2. \tag{2.26}$$

由于目标函数是二次的,最小二乘法最终转化为求解一个法方程:$M^T M\boldsymbol{P} = M^T \boldsymbol{Q}$,其中

$$M = \begin{bmatrix} N_{0,k}(\bar{t}_0) & N_{1,k}(\bar{t}_0) & \cdots & N_{n,k}(\bar{t}_0) \\ N_{0,k}(\bar{t}_1) & N_{1,k}(\bar{t}_1) & \cdots & N_{n,k}(\bar{t}_1) \\ \vdots & \vdots & \ddots & \vdots \\ N_{0,k}(\bar{t}_N) & N_{1,k}(\bar{t}_N) & \cdots & N_{n,k}(\bar{t}_N) \end{bmatrix}, \quad \boldsymbol{P} = \begin{bmatrix} \boldsymbol{p}_0 \\ \boldsymbol{p}_1 \\ \vdots \\ \boldsymbol{p}_n \end{bmatrix}, \quad \boldsymbol{Q} = \begin{bmatrix} \boldsymbol{q}_0 \\ \boldsymbol{q}_1 \\ \vdots \\ \boldsymbol{q}_N \end{bmatrix}.$$

需要说明的是,矩阵M是一个稀疏矩阵,可使用很多迭代法进行数值求解。在获得数值解后,就得到数据拟合后的B样条曲线。另外在实际应用问题中,数据拟合时使用最多的是三次非均匀B样条曲线。在使用B样条拟合时,需要考虑如何选取节点向量和数据的参数化,设定多少个控制顶点,以及如何满足给定的误差精度。

2.3　分段插值曲线

Hermite插值曲线是一种专门用于插值问题的多项式曲线,除了位置相同外,它还要求在节点处的相应阶导矢等于指定的值[4]。假设$\boldsymbol{F}(t)$是一条待插值的曲线,Hermite插值曲线$\boldsymbol{P}(t)$在每个节点t_i处需满足插值条件:

$$\boldsymbol{P}^{(r)}(t_i) = \boldsymbol{F}^{(r)}(t_i), \quad r = 0, 1, \cdots, m_i. \tag{2.27}$$

即在节点t_i处的位置和一阶直至m_i阶导矢都要相等,称m_i为节点t_i的连续

阶。在不同节点处可以取不同的插值条件，但在实际应用中通常都取相同的连续阶。

对于两个相邻节点$\{t_i, t_{i+1}\}$，从两点插值条件

$$\boldsymbol{P}^{(r)}(t_i) = \boldsymbol{F}^{(r)}(t_i),\quad \boldsymbol{P}^{(r)}(t_{i+1}) = \boldsymbol{F}^{(r)}(t_{i+1}),\quad r = 0, 1, \cdots, m, \tag{2.28}$$

容易求解得到$2m+1$次的Hermite插值曲线。为方便起见，在数学上通常把Hermite插值曲线表示成Hermite基的形式。

由于几何造型中的曲线表示都是定义在区间[0, 1]上，不失一般性，在讨论Hermite插值问题时也将定义域取为[0, 1]。其实，定义域不是重要的，只需经过线性变换就可转变为在任意区间上的参数表示。

首先，讨论三次Hermite插值问题。给定两点$\boldsymbol{P}_0, \boldsymbol{P}_1$以及相应的切向量$\boldsymbol{T}_0, \boldsymbol{T}_1$，构造一条三次Bézier曲线

$$\boldsymbol{P}(t) = \sum_{i=0}^{3} B_i^3(t)\boldsymbol{p}_i,\quad t \in [0, 1],$$

使其在两个端点处满足C^1插值条件：

$$\boldsymbol{P}(0) = \boldsymbol{P}_0,\quad \boldsymbol{P}'(0) = \boldsymbol{T}_0,\quad \boldsymbol{P}(1) = \boldsymbol{P}_1,\quad \boldsymbol{P}'(1) = \boldsymbol{T}_1.$$

根据Bézier曲线的端点插值性和导矢公式，容易得到三次Bézier曲线的控制顶点

$$\boldsymbol{p}_0 = \boldsymbol{P}_0,\quad \boldsymbol{p}_1 = \boldsymbol{P}_0 + \frac{1}{3}\boldsymbol{T}_0,\quad \boldsymbol{p}_2 = \boldsymbol{P}_1 - \frac{1}{3}\boldsymbol{T}_1,\quad \boldsymbol{p}_3 = \boldsymbol{P}_1. \tag{2.29}$$

如果采用Hermite基，定义满足C^1插值条件的三次Hermite插值曲线为

$$\boldsymbol{P}(t) = H_0^3(t)\boldsymbol{P}_0 + H_1^3(t)\boldsymbol{T}_0 + H_2^3(t)\boldsymbol{P}_1 + H_3^3(t)\boldsymbol{T}_1,\quad t \in [0, 1].$$

根据Hermite多项式的性质

$$\begin{bmatrix} H_0^3(0) & \dot{H}_0^3(0) & H_0^3(1) & \dot{H}_0^3(1) \\ H_1^3(0) & \dot{H}_1^3(0) & H_1^3(1) & \dot{H}_1^3(1) \\ H_2^3(0) & \dot{H}_2^3(0) & H_2^3(1) & \dot{H}_2^3(1) \\ H_3^3(0) & \dot{H}_3^3(0) & H_3^3(1) & \dot{H}_3^3(1) \end{bmatrix} = \begin{bmatrix} 1 & 0 & 0 & 0 \\ 0 & 1 & 0 & 0 \\ 0 & 0 & 1 & 0 \\ 0 & 0 & 0 & 1 \end{bmatrix},$$

可通过求解线性方程组获得Hermite多项式$\{H_i^3(t)\}_{i=0}^3$的显式表达式。然而，其实根据曲线表示的唯一性

$$\begin{aligned}\boldsymbol{P}(t) &= B_0^3(t)\boldsymbol{p}_0 + B_1^3(t)\boldsymbol{p}_1 + B_2^3(t)\boldsymbol{p}_2 + B_3^3(t)\boldsymbol{p}_3 \\ &= H_0^3(t)\boldsymbol{P}_0 + H_1^3(t)\boldsymbol{T}_0 + H_2^3(t)\boldsymbol{P}_1 + H_3^3(t)T_1,\end{aligned}$$

再利用公式(2.29),就能得到Hermite多项式的Bernstein基表示:

$$H_0^3(t) = B_0^3(t) + B_1^3(t), \quad H_1^3(t) = \frac{1}{3}B_1^3(t),$$

$$H_2^3(t) = B_2^3(t) + B_3^3(t), \quad H_3^3(t) = -\frac{1}{3}B_2^3(t),$$

现在,讨论五次Hermite插值问题。给定两点$\boldsymbol{P}_0, \boldsymbol{P}_1$以及相应的切向量$\boldsymbol{T}_0, \boldsymbol{T}_1$和二阶导矢$\boldsymbol{M}_0, \boldsymbol{M}_1$,构造一条五次Bézier曲线

$$\boldsymbol{P}(t) = \sum_{i=0}^{5} B_i^5(t)\boldsymbol{p}_i, \quad t \in [0, 1].$$

使其在两个端点处满足C^2插值条件:

$$\begin{aligned}\boldsymbol{P}(0) = \boldsymbol{P}_0, \quad \boldsymbol{P}'(0) = \boldsymbol{T}_0, \quad \boldsymbol{P}''(0) = \boldsymbol{M}_0, \\ \boldsymbol{P}(1) = \boldsymbol{P}_1, \quad \boldsymbol{P}'(1) = \boldsymbol{T}_1, \quad \boldsymbol{P}''(1) = \boldsymbol{M}_1.\end{aligned}$$

类似地,从C^2插值条件可求得所有控制顶点

$$\begin{aligned}&\boldsymbol{p}_0 = \boldsymbol{P}_0, \quad \boldsymbol{p}_1 = \boldsymbol{P}_0 + \frac{1}{5}\boldsymbol{T}_0, \quad \boldsymbol{p}_2 = \boldsymbol{P}_0 + \frac{2}{5}\boldsymbol{T}_0 + \frac{1}{20}\boldsymbol{M}_0, \\ &\boldsymbol{p}_3 = \boldsymbol{P}_1 - \frac{2}{5}\boldsymbol{T}_1 + \frac{1}{20}\boldsymbol{M}_1, \quad \boldsymbol{p}_4 = \boldsymbol{P}_1 - \frac{1}{5}\boldsymbol{T}_1, \quad \boldsymbol{p}_5 = \boldsymbol{P}_1.\end{aligned} \tag{2.30}$$

如果采用Hermite基,定义满足C^2插值条件的五次Hermite插值曲线为

$$\begin{aligned}P(t) = H_0^5(t)\boldsymbol{P}_0 + H_1^5(t)\boldsymbol{T}_0 + H_2^5(t)\boldsymbol{M}_0 + H_3^5(t)\boldsymbol{P}_1 + H_4^5(t)\boldsymbol{T}_1 + \\ H_5^5(t)\boldsymbol{M}_1, \quad t \in [0, 1].\end{aligned}$$

根据Hermite多项式的性质,可通过求解线性方程组获得Hermite多项式$\{H_i^5(t)\}_{i=0}^5$的显式表达式。然而,其实根据曲线表示的唯一性

$$\begin{aligned}\boldsymbol{P}(t) &= B_0^5(t)\boldsymbol{p}_0 + B_1^5(t)\boldsymbol{p}_1 + B_2^5(t)\boldsymbol{p}_2 + B_3^5(t)\boldsymbol{p}_3 + B_4^5(t)\boldsymbol{p}_4 + B_5^5(t)\boldsymbol{p}_5 \\ &= H_0^5(t)\boldsymbol{P}_0 + H_1^5(t)\boldsymbol{T}_0 + H_2^5(t)\boldsymbol{M}_0 + H_3^5(t)\boldsymbol{P}_1 + H_4^5(t)\boldsymbol{T}_1 + H_5^5(t)\boldsymbol{M}_1,\end{aligned}$$

再利用公式(2.30),就能得到Hermite多项式的Bernstein基表示:

$$H_0^5(t) = B_0^5(t) + B_1^5(t) + B_2^5(t), \quad H_1^5(t) = \frac{1}{5}B_1^5(t) + \frac{2}{5}B_2^5(t),$$

$$H_2^5(t) = \frac{1}{20}B_2^5(t), \quad H_3^5(t) = B_3^5(t) + B_4^5(t) + B_5^5(t),$$

$$H_4^5(t) = -\frac{2}{5}B_3^5(t) - \frac{1}{5}B_4^5(t), \quad H_5^5(t) = \frac{1}{20}B_3^5(t).$$

虽然一条多项式曲线既可表示成Hermite基的形式也可表示成Bernstein基的形式，但归功于Bernstein基以及相应Bézier曲线诸多优美的几何性质，Bézier曲线的使用在几何造型中更为普遍。复杂的几何形体通常由许多段曲线经光滑拼接而成，这不仅能表示更复杂的几何形体而且拥有更多自由度以用于形状调整。

在构造复杂的几何形体时，需要处理两段相邻曲线的连续拼接问题。这里，只讨论两段Bézier曲线的连续拼接问题。不失一般性，假设它们都是n次的，且分别定义为

$$\boldsymbol{P}(t) = \sum_{i=0}^{n} B_i^n\left(\frac{t-t_0}{t_1-t_0}\right)\boldsymbol{p}_i, \quad t \in [t_0, t_1],$$

$$\boldsymbol{Q}(t) = \sum_{i=0}^{n} B_i^n\left(\frac{t-t_1}{t_2-t_1}\right)\boldsymbol{q}_i, \quad t \in [t_1, t_2].$$

这里，曲线的定义域不再限于标准的[0, 1]区间。如果$\boldsymbol{p}_n = \boldsymbol{q}_0$，那么它们拥有一个共同的连接点，即是$C^0$连续的。更进一步地，如果要求它们在连接点处满足$C^\ell$连续($\ell \geqslant 1$)，那么对所有的$r = 1, 2, \cdots, \ell$，都有

$$\boldsymbol{P}^{(r)}(t_1) = \boldsymbol{Q}^{(r)}(t_1) \quad \Rightarrow \quad \frac{\Delta^r \boldsymbol{p}_{n-r}}{(t_1-t_0)^r} = \frac{\Delta^r \boldsymbol{q}_0}{(t_2-t_1)^r}.$$

例如，C^1连续意味着

$$\frac{\boldsymbol{p}_n - \boldsymbol{p}_{n-1}}{t_1 - t_0} = \frac{\boldsymbol{q}_1 - \boldsymbol{q}_0}{t_2 - t_1}.$$

特别是当$t_1 - t_0 = t_2 - t_1$时，$\boldsymbol{p}_n$(或者$\boldsymbol{q}_0$)刚好是$\boldsymbol{p}_{n-1}$和$\boldsymbol{q}_1$的中点。C^2连续意味着满足C^1连续条件以及

$$\frac{\boldsymbol{p}_n - 2\boldsymbol{p}_{n-1} + \boldsymbol{p}_{n-2}}{(t_1-t_0)^2} = \frac{\boldsymbol{q}_2 - 2\boldsymbol{q}_1 + \boldsymbol{q}_0}{(t_2-t_1)^2}.$$

图2.6为两段Bézier曲线C^1连续拼接的情形。

另外一种常见的拼接方式是使用G^ℓ连续的约束。相比于C^ℓ连续，G^ℓ连续不依赖于曲线的参数化，因此在形状设计时更具优势。例如，有时候

只知道曲线在端点处的切向而不知道切向量的长度，或者由于提供的切向量的长度不合适，导致生成不自然的曲线形状。此时 G^1 连续的约束就比 C^1 连续更具弹性。

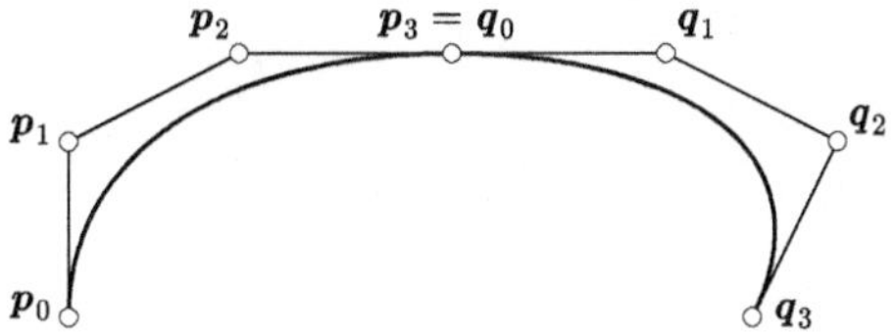

图 2.6　两段 Bézier 曲线的 C^1 连续拼接

定义 2.4　假设两段曲线 $\boldsymbol{P}(t),\ t\in[t_0,t_1]$ 和 $\boldsymbol{Q}(t),\ t\in[t_1,t_2]$ 在 $t=t_1$ 处是相连接的，即是 C^0 连续的。称曲线 $\boldsymbol{P}(t)$ 和 $\boldsymbol{Q}(t)$ 在 $t=t_1$ 处是 G^ℓ 连续的，如果满足

$$\boldsymbol{P}^{(r)}(\varphi(t_1)) = \boldsymbol{Q}^{(r)}(t_1),\quad r=1,2,\cdots,\ell,$$

其中 $\varphi(t)$ 是某个重新参数化函数，且满足 $\varphi(t_1)=t_1$。特别地，当 $\varphi(t)\equiv t$ 时，这就是 C^ℓ 连续的定义。

根据定义 2.4 和求导的链式法则，常见的 G^2 连续要求曲线在连接点处满足

$$\begin{aligned}
&\boldsymbol{Q}(t_1) = \boldsymbol{P}(\varphi(t_1)),\\
&\boldsymbol{Q}'(t_1) = \varphi'(t_1)\boldsymbol{P}'(\varphi(t_1)),\\
&\boldsymbol{Q}''(t_1) = [\varphi'(t_1)]^2\boldsymbol{P}''(\varphi(t_1)) + \varphi''(t_1)\boldsymbol{P}'(\varphi(t_1)).
\end{aligned}$$

所以，G^1 连续要求

$$\boldsymbol{P}'(t_1) /\!/ \boldsymbol{Q}'(t_1) \quad\Rightarrow\quad \boldsymbol{p}_n - \boldsymbol{p}_{n-1} /\!/ \boldsymbol{q}_1 - \boldsymbol{q}_0,$$

或者等价地

$$\boldsymbol{q}_1 - \boldsymbol{q}_0 = \alpha(\boldsymbol{p}_n - \boldsymbol{p}_{n-1}),\quad \alpha > 0.$$

因此，曲线在连接点处具有相同的切向，而对切向量的长度不作限制。参数 α 提供了一个可供形状优化的自由度，可通过优化曲线的应变能等能量函数来确定。如果要构造更光滑的曲线形状，那么就应使用更高阶的 G^2 连

续约束。对于二维曲线而言，G^2 连续除了满足 G^1 连续外还要求在连接点处具有相同的曲率值。

第三章　三维数据的加权渐进迭代逼近方法

渐近迭代逼近(progressive-iterative approximation,简称PIA)方法,又称为几何迭代法,由于其迭代简单和无须求解方程组,在近十年来得到迅速发展,并被广泛用于数据的插值和拟合问题[66—78]。PIA方法的基本原理是从初始曲线出发,在每次迭代过程中调整它的控制顶点,生成迭代后的曲线形式,并且最终的极限曲线能够插值或拟合数据。1975年,齐东旭等[70]提出三次均匀B样条曲线的盈亏修正算法,这是PIA思想的萌芽。在2010年前后,国内外一些学者逐渐将其推广到NURBS以及全正基表示的曲线和曲面,取得丰硕的研究成果,逐渐建立了比较完整的理论体系。更多关于PIA方法的介绍,可参阅浙江大学藺宏伟教授在2018年发表的综述论文[69]和在2021年出版的专著[11]。

几何迭代法的研究开始于19世纪70年代。早期研究还是比较少的,代表性工作[70,71]使用的都是三次均匀B样条。直到2005年,“PIA”这个概念才由藺宏伟等在参考文献[72]中正式提出,并且他们证明了用标准全正基表示的曲线和曲面的迭代公式总是收敛的。除了PIA这个概念外,有些学者也给出了类似的概念,如渐进插值、几何插值和几何逼近等。在PIA方法中,数据点在曲线上对应点的参数值通常是固定的,并在迭代过程中保持不变。Kineri等[75]提出的几何插值法研究数据点到曲线上投影点之间的距离，在每次迭代过程中都会不断调整投影点的参数值，因此能够更好反映数据的几何位置关系，获得更高质量的结果。

PIA 方法是一种比较简单而又有明确几何意义的迭代法，而且具有计算量小和误差容易控制的优点，非常适用于大数据处理。许多拟合方法都需求解一个全局的线性方程组，因此局部调整通常是不现实的；特别地，即使是只改变一个数据点的位置，也需要重新求解线性方程组，导致计算量大且非常耗时。此外，PIA 方法也可以在迭代过程中加入各种几何约束条件（如对称性、G^2连续约束），从而使极限曲线和曲面也能满足这些几何约束。由于这些多方面的优势，PIA 方法在数据插值、大数据拟合、细分构造、隐式化表示和高质量网格生成等几何设计问题中获得广泛的应用。

PIA 方法跟经典的最小二乘拟合方法存在一些相似之处：(1)目标函数通常都是定义为数据与曲线之间的距离函数和某些能量函数的加权组合，因此是未知量的二次函数；(2)都会涉及数据的参数化问题。主要的区别是 PIA 方法通过调整控制顶点的方式来生成极限曲线，以避免直接求解线性方程组。

在线性代数领域，关于线性方程组求解目前已有许多成熟方法[79,80]。例如，直接法用计算公式直接求出线性方程组的解，包括高斯消元法、列主元消元法、全主元消元法、LU 分解法和追赶法等。但是直接法最大的缺点是对系数矩阵的要求太高，导致缺乏通用性，应用受到限制。同时，直接法会破坏矩阵本身的系数结构，并且需要大量的存储和计算资源，导致效率较低。另外一种常见方法是迭代法（如 Gauss-Seidel 迭代法、Jacobi 迭代法、超松弛迭代法），通过设计简单的迭代规则产生解的迭代序列，从给定的初始值逐步逼近精确解，需要考虑收敛速度和鲁棒性等问题。好的迭代法比直接法计算量更小且计算误差更容易控制，因此在大规模数据求解时至今仍主要使用迭代法。而且迭代法能够有效利用矩阵的稀疏性，极大减少了编程实现时的内存消耗，因此非常适用于大数据处理时的求解算法。但是，从几何构造的角度看，线性代数领域使用的迭代法在迭代过程中没有考虑控制顶点的作用，从而迭代公式缺乏直观的几何意义，也不能加入几何约束条件。

本章主要介绍加权渐进迭代逼近方法(简称为加权PIA方法)。2010年，本书作者在CAGD期刊上首次提出加权PIA方法的思想，并且在理论上证明了该方法的收敛性。通过在迭代过程中引入一个固定的权因子，提高传统PIA方法的收敛速度。此外，在理论上证明了用标准B基表示的混合曲线具有最快的收敛速度。

作为加权PIA方法的应用，本章提出基于L_2误差的Bézier曲线降阶的一种迭代算法。从一条初始Bézier曲线开始，逐渐移动控制顶点，得到误差最小的近似曲线。另外，加权PIA方法也可用于有理Bézier曲线的近似逼近问题，以迭代的方式生成多项式曲线。许多对比实例都表明加权PIA方法的快速收敛性。

3.1　曲线数据的迭代形式

本节主要介绍曲线的加权PIA方法。

定义 3.1　称$\{u_i(t): t \in [a,b]\}_{i=0}^{n}$为函数空间$U$上的一组**混合基**(blending basis)，如果满足非负性和归一性，即

$$u_i(t) \geqslant 0, \quad \sum_{i=0}^{n} u_i(t) \equiv 1, \ \forall t \in [a,b].$$

在空间U的参数域内取一个递增序列$\{t_i\}_{i=0}^{m}$，$t_0 < t_1 < \cdots < t_m$。称矩阵

$$M\begin{pmatrix} u_0, \cdots, u_n \\ t_0, \cdots, t_m \end{pmatrix} := [u_j(t_i)]_{i,j=0}^{m,n} = \begin{bmatrix} u_0(t_0) & u_1(t_0) & \cdots & u_n(t_0) \\ u_0(t_1) & u_1(t_1) & \cdots & u_n(t_1) \\ \vdots & \vdots & \ddots & \vdots \\ u_0(t_m) & u_1(t_m) & \cdots & u_n(t_m) \end{bmatrix}$$

为这组基$\{u_i(t): t \in [a,b]\}_{i=0}^{n}$在参数列$\{t_i\}_{i=0}^{m}$上的**配置矩阵**(collocation matrix)。

定义 3.2 如果一个矩阵任何一个子式都是非负的,那么称这个矩阵是**全正**的(totally positive,简称TP)。如果一组基任何一个配置矩阵都是全正的,那么称这组基为**全正基**(totally positive basis,简称TP基)。如果一组混合基又是全正基,那么称这组基为**标准全正基**(nomalized totally positive basis,简称NTP基)。

众所周知[81],标准全正基具有很好的保形性质;并且,如果一个空间存在标准全正基的话,那么该空间就有唯一的**标准B基**(nomralized B-basis);标准B基在所有标准全正基中具有最优的保形性质,用标准B基定义的曲线和曲面在几何造型中尤其受到欢迎。在多项式空间中,Bernstein基和B样条基都是标准B基。

定义 3.3 设$\{u_i(t): t\in[a,b]\}_{i=0}^n$是函数空间$U$上的一组混合基。以$\{\boldsymbol{p}_i\}_{i=0}^n$为控制顶点的**混合曲线**(blending curve)定义为

$$\boldsymbol{P}(t)=\sum_{i=0}^n u_i(t)\boldsymbol{p}_i,\quad t\in[a,b]. \tag{3.1}$$

对于多项式空间来说,如果取混合基为Bernstein基,那么表示的曲线就是Bézier曲线;如果取混合基为在某个节点向量上的B样条基,那么表示的曲线就是B样条曲线。如果$\boldsymbol{p}_i\in\mathbb{R}^2$,那么混合曲线是二维的,而当$\boldsymbol{p}_i\in\mathbb{R}^3$时混合曲线是三维的。

令$\{u_i(t): t\in[a,b]\}_{i=0}^n$是函数空间$U$上的一组混合基。假设$\{\boldsymbol{p}_i\}_{i=0}^n$是给定的二维或三维数据。加权PIA方法要寻找一条曲线

$$\boldsymbol{P}(t)=\sum_{i=0}^n u_i(t)\tilde{\boldsymbol{p}}_i,\quad t\in[a,b],$$

使得它能够插值所有数据点,即满足

$$\boldsymbol{P}(t_i)=\boldsymbol{p}_i,\quad i=0,1,\cdots,n.$$

$\boldsymbol{P}(t_i)$表示数据点$\boldsymbol{p}_i$在曲线$\boldsymbol{P}(t)$上的对应点,其对应参数为t_i。参数列$\{t_i\}_{i=0}^n$是一个递增序列,满足$a=t_0<t_1<\cdots<t_n=b$。一般来说,参数列需要提前指定,并在迭代过程中始终保持不变,可采用均匀参数化或弦长参

数化等传统方法。

算法 3.1　曲线的加权 PIA 方法

Step1(初始化)　令 $k = 0$,取初始控制顶点为

$$\boldsymbol{p}_i^k = \boldsymbol{p}_i, \quad i = 0, 1, \cdots, n.$$

构造初始曲线为

$$\boldsymbol{P}^k(t) = \sum_{i=0}^{n} u_i(t)\boldsymbol{p}_i^k, \quad t \in [a, b]. \tag{3.2}$$

Step2(迭代过程)　当迭代次数为 $k + 1$ 时,计算控制顶点

$$\boldsymbol{p}_i^{k+1} = \boldsymbol{p}_i^k + \omega\Delta_i^k, \ \ \Delta_i^k = \boldsymbol{p}_i - \boldsymbol{P}^k(t_i), \quad i = 0, 1, \cdots, n. \tag{3.3}$$

然后,构造迭代曲线为

$$\boldsymbol{P}^{k+1}(t) = \sum_{i=0}^{n} u_i(t)\boldsymbol{p}_i^{k+1}, \quad t \in [a, b]. \tag{3.4}$$

Step3　令 $k = k + 1$,重复 Step2,直至满足某个终止条件。

在初始化阶段,初始曲线是一条以输入数据$\{\boldsymbol{p}_i\}_{i=0}^n$为控制顶点的混合曲线。其实,初始曲线的控制顶点也可取在别的位置,初值不影响迭代法的收敛性。在随后的迭代过程中,通过调整控制顶点来产生迭代曲线。经过一定次数的迭代或者当误差小于某个给定阈值后,就可将此时得到的迭代曲线作为输出的结果。算法的关键在于不断调整混合曲线的控制顶点,调整方式非常简单直观且具有明确的几何意义。

图 3.1 为从第 k 次(用虚线显示)到第 $k + 1$ 次(用虚点线显示)的迭代曲线。首先,根据公式(3.3)计算出数据点和曲线上对应点之间的差向量 Δ_i^k。然后,对第 k 次迭代后得到的控制顶点 $\boldsymbol{p}_i^k$ 沿着差向量 Δ_i^k 的方向偏移 $\omega\Delta_i^k$,生成第 $k + 1$ 次迭代时的控制顶点 $\boldsymbol{p}_i^{k+1}$。因此,控制顶点 $\boldsymbol{p}_i^k$ 的偏移向量跟差向量 Δ_i^k 的方向是一致的,而长度被相同的 ω 放大或缩小了。一般来说,混合曲线应满足端点插值性,所以 $\boldsymbol{p}_0^k = \boldsymbol{p}_0$ 和 $\boldsymbol{p}_n^k = \boldsymbol{p}_n$,即端点保持不变。

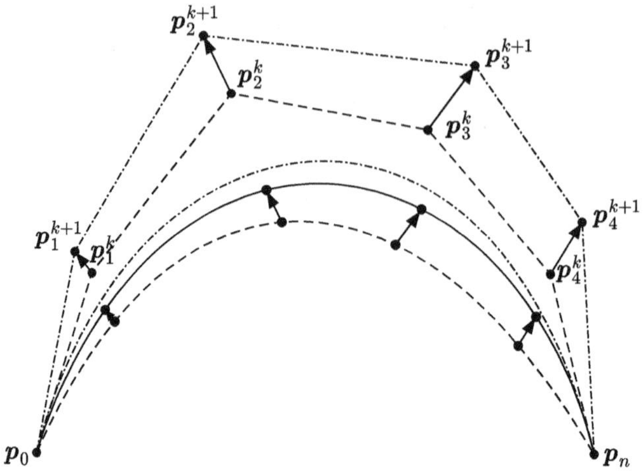

图 3.1　迭代曲线

称 ω 为加权 PIA 方法的权因子。从公式(3.2)—(3.4),可得

$$\begin{aligned}\Delta_i^k &= \boldsymbol{p}_i - \sum_{j=0}^{n} u_j(t_i)\boldsymbol{p}_j^k \\ &= \boldsymbol{p}_i - \sum_{j=0}^{n} u_j(t_i)\boldsymbol{p}_j^{k-1} - \omega\sum_{j=0}^{n} u_j(t_i)\Delta_j^{k-1} \\ &= \Delta_i^{k-1} - \omega\sum_{j=0}^{n} u_j(t_i)\Delta_j^{k-1}, \quad i = 0, 1, \cdots, n.\end{aligned}$$

于是,迭代过程可改写成矩阵的形式:

$$\begin{aligned}[\Delta_0^k, \Delta_1^k, \cdots, \Delta_n^k]^T &= (I - \omega B)[\Delta_0^{k-1}, \Delta_1^{k-1}, \cdots, \Delta_n^{k-1}]^T \\ &= \cdots = (I - \omega B)^k[\Delta_0^0, \Delta_1^0, \cdots, \Delta_n^0]^T,\end{aligned} \tag{3.5}$$

其中 I 是 $n+1$ 阶单位矩阵,$B = [u_j(t_i)]_{i,j=0}^n$ 是混合基 $\{u_i(t)\}_{i=0}^n$ 在参数列 $\{t_i\}_{i=0}^n$ 上的配置矩阵。

加权 PIA 方法在迭代过程结束后,就构成一个曲线序列:

$$\boldsymbol{P}^k(t) = \sum_{i=0}^{n} u_i(t)\boldsymbol{p}_i^k, \quad k = 0, 1, \cdots.$$

如果满足

$$\lim_{k\to\infty} \boldsymbol{P}^k(t_i) = \boldsymbol{p}_i, \quad i = 0, 1, \cdots, n, \tag{3.6}$$

那么称曲线序列是收敛的,即加权 PIA 方法是收敛的。这其实等价于要证明 $(I - \omega B)^k$ 收敛于相同维数的零矩阵。

对于一个$n+1$阶矩阵M,设$\lambda_i(M), i=0,1,\cdots,n$,是矩阵$M$按降序排列的特征值,即满足$\lambda_0 \geqslant \lambda_1 \geqslant \cdots \geqslant \lambda_n$。令$\rho(M)=\max\{|\lambda_0|, |\lambda_n|\}$是矩阵$M$的谱半径,也就是特征值取绝对值后的最大值。那么,当$\rho(I-\omega B)<1$时,迭代过程(3.5)是收敛的,并且收敛速度依赖于$\rho(I-\omega B)$的值;它的值越小,收敛速度就越快。

在加权PIA方法中,需指定参数$\omega \in \mathbb{R}^+$的值,并在迭代过程中保持不变。当$\omega=1$时,这就是经典的PIA方法。如何确定权因子的值,才能使加权PIA方法是收敛的,并且在什么时候具有最佳收敛性? 定理3.2将回答这一问题。定理3.3表明用标准B基表示的迭代曲线具有最快的收敛速度。

定理3.1　设$\{u_i(t): t\in[a,b]\}_{i=0}^n$是函数空间$U$上的一组标准全正基,以及$B=[u_j(t_i)]_{i,j=0}^n$是这组基在参数列$\{t_i\}_{i=0}^n$上非奇异的配置矩阵。记$\lambda_i(B), i=0,1,\cdots,n$,为矩阵$B$按降序排列的特征值。那么,

(a) $\lambda_0(B)=1$,并且$0<\lambda_i(B)\leqslant 1, i=0,1,\cdots,n$;

(b) $0\leqslant \rho(I-B)<1$;

(c) $\rho(I-\omega B)=\max\{|1-\omega|, |1-\omega\lambda_n(B)|\}$。

证　对于结论(a)和结论(b),证明见参考文献[72]。因为

$$\begin{aligned}\rho(I-\omega B)&=\max\{|1-\omega\lambda_0(B)|, |1-\omega\lambda_n(B)|\}\\&=\max\{|1-\omega|, |1-\omega\lambda_n(B)|\},\end{aligned}$$

所以结论(c)成立。□

定理3.2　设$\{u_i(t): t\in[a,b]\}_{i=0}^n$是函数空间$U$上的一组标准全正基,以及$B=[u_j(t_i)]_{i,j=0}^n$是这组基在参数列$\{t_i\}_{i=0}^n$上非奇异的配置矩阵。记$\lambda_n(B)$为矩阵$B$的最小特征值。当

$$\omega=\frac{2}{1+\lambda_n(B)} \tag{3.7}$$

时,基于参数列$\{t_i\}_{i=0}^n$的加权PIA方法具有最快收敛速度,此时

$$\rho(I-\omega B)=\frac{1-\lambda_n(B)}{1+\lambda_n(B)}. \tag{3.8}$$

证 记 $\lambda_n := \lambda_n(B)$。从定理 3.1 可知，$\lambda_n \in (0,1]$。当 $\omega = 1$ 时，$\rho(I-\omega B) = 1-\lambda_n$。

首先说明只有当 $0<\omega<2$ 时，加权 PIA 方法才会是收敛的。否则，假设 $\omega \geqslant 2$，因为

$$\rho(I-\omega B)=\max\{|1-\omega|,\ |1-\omega\lambda_n|\}\geqslant|1-\omega|\geqslant 1,$$

所以加权 PIA 方法在 $\omega\geqslant 2$ 时是发散的。

其次，对于 $\forall\omega\in(0,1)$，都有

$$\rho(I-\omega B)=\max\{|1-\omega|,\ |1-\omega\lambda_n|\}=1-\omega\lambda_n>1-\lambda_n.$$

所以，加权 PIA 方法在 $\omega\in(0,1)$ 时的收敛速度总是比 $\omega=1$ 时的要慢。

最后，令 $\omega\in(1,2)$。如果 $\omega\lambda_n>1$，那么

$$\begin{aligned}\rho(I-\omega B)&=\max\{|1-\omega|,\ |1-\omega\lambda_n|\}\\&=\max\{\omega-1,\omega\lambda_n-1\}\geqslant\omega-1>\frac{1}{\lambda_n}-1\geqslant 1-\lambda_n.\end{aligned}$$

这意味着加权 PIA 方法在此时的收敛速度总是比 $\omega=1$ 时的要慢。另一方面，如果 $\omega\lambda_n\leqslant 1$，那么

$$\begin{aligned}\rho(I-\omega B)&=\max\{|1-\omega|,\ |1-\omega\lambda_n|\}=\max\{\omega-1,1-\omega\lambda_n\}\\&=\begin{cases}1-\omega\lambda_n, & 1<\omega<\dfrac{2}{1+\lambda_n},\\[2ex] \omega-1, & \dfrac{2}{1+\lambda_n}\leqslant\omega<2.\end{cases}\end{aligned}$$

显然，$\rho(I-\omega B)$ 在 $\omega=\dfrac{2}{1+\lambda_n}$ 时达到最小值。由于 $\lambda_n\in(0,1]$ 和 $\omega\lambda_n=\dfrac{2\lambda_n}{1+\lambda_n}\leqslant 1$，这样的最小值总是能够达到的。□

定理 3.3 设 U 是一个存在标准全正基的函数空间，以及设 $\{t_i\}_{i=0}^n$ 是 U 参数域上递增的参数列。对于基于参数列 $\{t_i\}_{i=0}^n$ 的加权 PIA 方法，相比于空间 U 其他的标准全正基，用标准 B 基表示的迭代曲线具有最快的收敛速度。

证　根据参考文献[81]可知，空间U存在一组唯一的标准B基，记为$\{b_i(t)\}_{i=0}^n$。设$\{c_i(t)\}_{i=0}^n$是空间U中其他任意的一组标准全正基。记$B=[b_j(t_i)]_{i,j=0}^n$和$C=[c_j(t_i)]_{i,j=0}^n$分别为$\{b_i(t)\}_{i=0}^n$和$\{c_i(t)\}_{i=0}^n$在$\{t_i\}_{i=0}^n$上的配置矩阵。

现在比较加权PIA方法在这两组基下的收敛速度。根据定理3.2，当这两种加权PIA方法在收敛速度最快时，谱半径分别为

$$\rho(I-\omega_B B)=\frac{1-\lambda_n(B)}{1+\lambda_n(B)},\quad \rho(I-\omega_C C)=\frac{1-\lambda_n(C)}{1+\lambda_n(C)}.$$

根据参考文献[77]中的定理4，可得

$$1-\lambda_n(B)<1-\lambda_n(C),\quad \lambda_n(B)>\lambda_n(C).$$

所以，$\rho(I-\omega_B B)<\rho(I-\omega_C C)$。这表明用标准B基表示的迭代曲线具有最快的收敛速度。□

对于n次多项式空间$P_n=\mathrm{span}\{1,t,\cdots,t^n\}$，除了Bernstein基，常见的还有 Said-Ball 基[77]。Said-Ball 基是P_n的一组标准全正基，其基函数$\{S_i^n(t)\}_{i=0}^n$定义为

$$S_i^n(t)=\binom{\lfloor\frac{n}{2}\rfloor+i}{i}(1-t)^{\lfloor\frac{n}{2}\rfloor+1}t^i,\quad 0\leqslant i\leqslant\lfloor\tfrac{n-1}{2}\rfloor,$$

$$S_i^n(t)=\binom{\lfloor\frac{n}{2}\rfloor+n-i}{n-i}(1-t)^{n-i}t^{\lfloor\frac{n}{2}\rfloor+1},\quad \lfloor\tfrac{n}{2}\rfloor+1\leqslant i\leqslant n,$$

以及当n是偶数时，

$$S_{\frac{n}{2}}^n(t)=\binom{n}{\frac{n}{2}}(1-t)^{\frac{n}{2}}t^{\frac{n}{2}}.$$

符号$\lfloor x\rfloor$表示不超过x的最大整数。对于给定的控制顶点$\{\boldsymbol{p}_i\}_{i=0}^n$，$n$次的Bézier曲线和Said-Ball曲线分别定义为

$$\boldsymbol{P}(t)=\sum_{i=0}^n B_i^n(t)\boldsymbol{p}_i,\quad t\in[0,1],$$

$$\boldsymbol{S}(t)=\sum_{i=0}^n S_i^n(t)\boldsymbol{p}_i,\quad t\in[0,1].$$

根据定理3.3，Bézier曲线在迭代时的收敛速度比Said-Ball曲线要快。令$B=[B_j^n(t_i)]_{i,j=0}^n$和$S=[S_j^n(t_i)]_{i,j=0}^n$分别表示Bernstein基和Said-Ball基在均匀参数列$\{t_i=i/n\}_{i=0}^n$上的配置矩阵。表3.1列出这两个配置矩阵的最小特征值和相应的混合曲线在收敛速度最快时的权因子。随着次数n的升高，最小特征值越来越接近于0，而权因子的值越来越接近于2。

表3.1　配置矩阵的最小特征值和混合曲线在收敛速度最快时的权因子

n次	Bernstein基		Said-Ball基	
	λ_n	ω	λ_n	ω
1	1	1	1	1
2	0.5	1.333333	0.5	1.333333
3	2.222222e-1	1.636364	1.481481e-1	1.741935
4	9.375000e-2	1.828571	8.178722e-2	1.848792
5	3.840000e-2	1.926040	1.966332e-2	1.961432
6	1.543210e-2	1.969605	1.113068e-2	1.977984
7	6.119899e-3	1.987835	2.493639e-3	1.995025
8	2.403259e-3	1.995205	1.432656e-3	1.997139
9	9.366567e-4	1.998128	3.097357e-4	1.999381
10	3.628800e-4	1.999275	1.795492e-4	1.999641
11	1.399059e-4	1.999720	3.799744e-5	1.999924
12	5.372322e-5	1.999893	2.215383e-5	1.999956
13	2.055970e-5	1.999959	4.622286e-6	1.999991
14	7.845414e-6	1.999984	2.705427e-6	1.999995
15	2.986281e-6	1.999994	5.588150e-7	1.999999
16	1.134227e-6	1.999998	3.279531e-7	1.999999
17	4.299687e-7	1.999999	6.723373e-8	2.000000
18	1.627181e-7	2.000000	3.953194e-8	2.000000

续表

n次	Bernstein基		Said-Ball基	
	λ_n	ω	λ_n	ω
19	6.148599e-8	2.000000	8.057731e-9	2.000000
20	2.320196e-8	2.000000	4.744060e-9	2.000000

注：表中出现的2.000000是四舍五入后的值，其实是小于2的。

3.2　曲面数据的迭代形式

本节将介绍曲面的加权PIA方法。

定义3.4　设$\{u_i(x): x\in[a,b]\}_{i=0}^{m}$和$\{v_j(y): y\in[c,d]\}_{j=0}^{n}$是函数空间$U$和$V$上的两组混合基。以$\{\boldsymbol{p}_{ij}\in\mathbb{R}^3\}_{i,j=0}^{m,n}$为控制顶点的**张量积混合曲面**(tensor product blending surface)定义为

$$\boldsymbol{S}(x,y)=\sum_{i=0}^{m}\sum_{j=0}^{n}u_i(x)v_j(y)\boldsymbol{p}_{ij},\quad (x,y)\in[a,b]\times[c,d]. \tag{3.9}$$

对于多项式空间来说，如果取混合基为Bernstein基，那么表示的曲面就是**张量积Bézier曲面**；如果取混合基为B样条基，那么表示的**曲面就是张量积B样条曲面**。

关于张量积Bézier曲面和B样条曲面的更多介绍，见专著[1,4]。

令$\{u_i(x): x\in[a,b]\}_{i=0}^{m}$和$\{v_j(y): y\in[c,d]\}_{j=0}^{n}$是函数空间$U$和$V$上的两组混合基。通常，取相同的空间和混合基。假设$\{\boldsymbol{p}_{ij}\}_{i,j=0}^{m,n}$是给定的三维数据。加权PIA方法要寻找混合曲面

$$\boldsymbol{S}(x,y)=\sum_{i=0}^{m}\sum_{j=0}^{n}u_i(x)v_j(y)\tilde{\boldsymbol{p}}_{ij},\quad (x,y)\in[a,b]\times[c,d],$$

使得它能够插值所有数据点，即满足

$$\boldsymbol{S}(x_i,y_j)=\boldsymbol{p}_{ij},\quad i=0,1,\cdots,m,\ j=0,1,\cdots,n.$$

$\boldsymbol{S}(x_i,y_j)$表示数据点$\boldsymbol{p}_{ij}$在曲面$\boldsymbol{S}(x,y)$上的对应点，其对应参数为(x_i,y_j)。参

数列$\{x_i\}_{i=0}^m$和$\{y_j\}_{j=0}^n$是递增序列，满足$a = x_0 < x_1 < \cdots < x_m = b, c = y_0 < y_1 < \cdots < y_n = d$。一般来说，参数列需要提前指定，并在迭代过程中始终保持不变，可采用均匀参数化或弦长参数化等传统方法。

算法 3.2 曲面的加权 PIA 方法

Step1（初始化） 令$k = 0$，取初始控制顶点为

$$\boldsymbol{p}_{ij}^k = \boldsymbol{p}_{ij}, \quad i = 0, 1, \cdots, m, j = 0, 1, \cdots, n.$$

构造初始曲面为

$$\boldsymbol{S}^k(x, y) = \sum_{i=0}^m \sum_{j=0}^n u_i(x) v_j(y) \boldsymbol{p}_{ij}^k, \quad (x, y) \in [a, b] \times [c, d]. \tag{3.10}$$

Step2（迭代过程） 当迭代次数为k+1时，计算控制顶点

$$\boldsymbol{p}_{ij}^{k+1} = \boldsymbol{p}_{ij}^k + \omega \Delta_{ij}^k, \ \Delta_{ij}^k = \boldsymbol{p}_{ij} - \boldsymbol{S}^k(x_i, y_j), \quad i = 0, 1, \cdots, m, j = 0, 1, \cdots, n. \tag{3.11}$$

然后，构造迭代曲面为

$$\boldsymbol{S}^{k+1}(x, y) = \sum_{i=0}^m \sum_{j=0}^n u_i(x) v_j(y) \boldsymbol{p}_{ij}^{k+1}, \quad (x, y) \in [a, b] \times [c, d]. \tag{3.12}$$

Step3 令$k = k + 1$，重复 Step2，直至满足某个终止条件。

在初始化阶段，初始曲面是以输入数据$\{\boldsymbol{p}_{ij}\}_{i,j=0}^{m,n}$为控制顶点的混合曲面。在随后的迭代过程中，首先根据公式(3.11)计算出数据点和曲面上对应点之间的差向量Δ_{ij}^k，然后对第k次迭代后得到的控制顶点$\boldsymbol{p}_{ij}^k$沿着差向量Δ_{ij}^k的方向偏移$\omega \Delta_{ij}^k$，生成第$k + 1$次迭代时的控制顶点$\boldsymbol{p}_{ij}^{k+1}$，通过调整控制顶点来产生迭代曲面。因此，控制顶点$\boldsymbol{p}_{ij}^k$的偏移向量跟差向量$\Delta_{ij}^k$的方向是一致的，而长度被相同的$\omega$放大或缩小了。经过一定次数的迭代或者当误差小于某个给定阈值后，就可将此时得到的迭代曲面作为输出的结果。

称ω为加权 PIA 方法的权因子。从公式(3.10)—(3.12)，可得

$$\begin{aligned}\Delta_{ij}^{k} &= \boldsymbol{p}_{ij} - \sum_{r=0}^{m}\sum_{s=0}^{n} u_r(x_i)v_s(y_j)\boldsymbol{p}_{rs}^{k} \\ &= \boldsymbol{p}_{ij} - \sum_{r=0}^{m}\sum_{s=0}^{n} u_r(x_i)v_s(y_j)\boldsymbol{p}_{rs}^{k-1} - \omega\sum_{r=0}^{m}\sum_{s=0}^{n} u_r(x_i)v_s(y_j)\Delta_{rs}^{k-1} \\ &= \Delta_{ij}^{k-1} - \omega\sum_{r=0}^{m}\sum_{s=0}^{n} u_r(x_i)v_s(y_j)\Delta_{rs}^{k-1}, \quad i=0,1,\cdots,m,\ j=0,1,\cdots,n.\end{aligned}$$

于是，迭代过程可改写成矩阵的形式：

$$\Delta^{k} = (I-\omega B)\Delta^{k-1} = \cdots = (I-\omega B)^{k}\Delta^{0}, \tag{3.13}$$

$$\Delta^{\ell} := [\Delta_{00}^{\ell}, \Delta_{01}^{\ell}, \cdots, \Delta_{0n}^{\ell}, \Delta_{10}^{\ell}, \Delta_{11}^{\ell}, \cdots, \Delta_{1n}^{\ell}, \cdots, \Delta_{m0}^{\ell}, \Delta_{m1}^{\ell}, \cdots, \Delta_{mn}^{\ell}]^{T}, \tag{3.14}$$

其中 $\ell = 0, 1, \cdots, k$，I 是 $(m+1)(n+1)$ 阶单位矩阵，$B = B_1 \otimes B_2$ 是配置矩阵 $B_1 = [u_j(x_i)]_{i,j=0}^{m}$ 和 $B_2 = [v_j(y_i)]_{i,j=0}^{n}$ 的Kronecker乘积[79]。

加权PIA方法在迭代过程结束后，就构成一个曲面序列：

$$\boldsymbol{S}^{k}(x,y) = \sum_{i=0}^{m}\sum_{j=0}^{n} u_i(x)v_j(y)\boldsymbol{p}_{ij}^{k}, \quad k = 0, 1, \cdots.$$

如果满足

$$\lim_{k\to\infty}\boldsymbol{S}^{k}(x_i, y_j) = \boldsymbol{p}_{ij}, \quad i = 0,1,\cdots,m,\ j=0,1,\cdots,n, \tag{3.15}$$

那么称曲面序列是收敛的，即加权PIA方法是收敛的。这其实需要说明 $(I-\omega B)^{k}$ 收敛于相同维数的零矩阵。当 $\rho(I-\omega B) < 1$ 时，迭代过程(3.13)是收敛的，并且收敛速度依赖于 $\rho(I-\omega B)$ 的值；它的值越小，收敛速度就越快。

在加权PIA方法中，需指定参数 $\omega \in \mathbb{R}^{+}$ 的值，并在迭代过程中保持不变。当 $\omega = 1$ 时，这就是经典的PIA方法。定理3.4给出加权PIA方法在最快收敛速度时权因子的最优值，定理3.5表明用标准B基表示的迭代曲面具有最快的收敛速度。

定理3.4　设 $\{u_i(x): x \in [a,b]\}_{i=0}^{m}$ 和 $\{v_j(y): y \in [c,d]\}_{j=0}^{n}$ 分别是函数空间 U 和 V 上的标准全正基，以及 $B = B_1 \otimes B_2$ 是配置矩阵 $B_1 = [u_j(x_i)]_{i,j=0}^{m}$ 和 $B_2 = [v_j(y_i)]_{i,j=0}^{n}$ 的Kronecker乘积。记 $\lambda_m(B_1)$ 和 $\mu_n(B_2)$ 分别为矩阵 B_1 和

B_2的最小特征值。当

$$\omega = \frac{2}{1 + \lambda_m(B_1)\mu_n(B_2)} \tag{3.16}$$

时,基于参数列$\{x_i\}_{i=0}^m$和$\{y_j\}_{j=0}^n$的加权PIA方法具有最快收敛速度,此时

$$\rho(I - \omega B) = \frac{1 - \lambda_m(B_1)\mu_n(B_2)}{1 + \lambda_m(B_1)\mu_n(B_2)}. \tag{3.17}$$

证 设矩阵B_1的特征值为$\lambda_i := \lambda_i(B_1), i = 0, 1, \cdots, m$,以及矩阵$B_2$的特征值为$\mu_j := \mu_j(B_2), j = 0, 1, \cdots, n$,并且都是按降序排列:

$$\lambda_0 \geqslant \lambda_1 \geqslant \cdots \geqslant \lambda_m, \quad \mu_0 \geqslant \mu_1 \geqslant \cdots \geqslant \mu_n.$$

根据参考文献[79]中的定理4.2.12,矩阵$B = B_1 \otimes B_2$的$(m + 1)(n + 1)$个特征值等于矩阵B_1的$m + 1$个特征值和矩阵B_2的$n + 1$个特征值的乘积,

$$\lambda(B) = \{\lambda_i \mu_j: i = 0, 1, \cdots, m, j = 0, 1, \cdots, n\}.$$

因此,类似于定理3.1,得到

$$\rho(I - \omega B) = \max\{|1 - \omega|, |1 - \omega\lambda_m\mu_n|\}.$$

只要将$\lambda_m\mu_n$看作一个整体,剩下的证明跟定理3.2类似,同理可证。□

定理3.5 设U和V是存在标准全正基的函数空间,以及设$\{x_i\}_{i=0}^m$和$\{y_j\}_{j=0}^n$是U和V的参数域上递增的参数列。对基于参数列$\{x_i\}_{i=0}^m$和$\{y_j\}_{j=0}^n$的加权PIA方法,相比于空间U和V中其他的标准全正基,用标准B基表示的迭代曲面具有最快的收敛速度。

证 根据参考文献[81]可知,空间U和V都存在唯一的标准B基,分别记为$\{b_i^U(t)\}_{i=0}^m$和$\{b_j^V(t)\}_{j=0}^n$。设$\{c_i^U(t)\}_{i=0}^m$和$\{c_j^V(t)\}_{j=0}^n$是空间U和V中其他任意的标准全正基。

记$B = B_U \otimes B_V$为配置矩阵$B_U = [b_j^U(x_i)]_{i,j=0}^m$和$B_V = [b_j^V(y_i)]_{i,j=0}^n$的Kronecker乘积,以及记$C = C_U \otimes C_V$为配置矩阵$C_U = [c_j^U(x_i)]_{i,j=0}^m$和$C_V = [c_j^V(y_i)]_{i,j=0}^n$的Kronecker乘积。

根据定理3.4,当这两种加权PIA方法在收敛速度最快时,谱半径分

别为

$$\rho(I-\omega_B B)=\frac{1-\lambda_m(B_U)\mu_n(B_V)}{1+\lambda_m(B_U)\mu_n(B_V)},\quad \rho(I-\omega_C C)=\frac{1-\lambda_m(C_U)\mu_n(C_V)}{1+\lambda_m(C_U)\mu_n(C_V)},$$

其中$\lambda_m(\cdot)$和$\mu_n(\cdot)$都表示指定矩阵的最小特征值。根据参考文献[77]中的推论6,可得

$$1-\lambda_m(B_U)\mu_n(B_V)<1-\lambda_m(C_U)\mu_n(C_V),$$
$$\lambda_m(B_U)\mu_n(B_V)>\lambda_m(C_U)\mu_n(C_V).$$

所以,$\rho(I-\omega_B B)<\rho(I-\omega_C C)$。这表明用标准B基表示的迭代曲面具有最快的收敛速度。□

3.3　实例与应用

下面是一些关于加权PIA方法的实例与应用。

例3.1　Gerono双纽线定义为

$$(x(t),y(t))=(\cos t,\sin t\cos t),\quad t\in[0,2\pi].$$

在Gerono双纽线上取由11个均匀参数等分点组成的采样数据

$$\{\boldsymbol{p}_i=(x(t_i),y(t_i))\}_{i=0}^{10},\quad t_i=-\frac{\pi}{2}+\frac{i\pi}{5},\ i=0,1,\cdots,10.$$

使用Bézier曲线和三次B样条曲线进行数据拟合,图3.2为加权PIA方法(用黑色虚线显示)和传统的PIA方法(用灰色实线显示)的比较结果。

例3.2　一段半径为5的螺旋线定义为

$$(x(t),y(t),z(t))=(5\cos t,5\sin t,t),\quad t\in[0,6\pi].$$

在螺旋线上取由19个均匀参数等分点组成的采样数据

$$\{\boldsymbol{p}_i=(x(t_i),y(t_i),z(t_i))\}_{i=0}^{18},\quad t_i=\frac{i\pi}{3},\ i=0,1,\cdots,18.$$

使用Bézier曲线和三次B样条曲线进行数据拟合,图3.3为加权PIA方法(用黑色实线显示)和传统的PIA方法(用灰色实线显示)的比较结果。

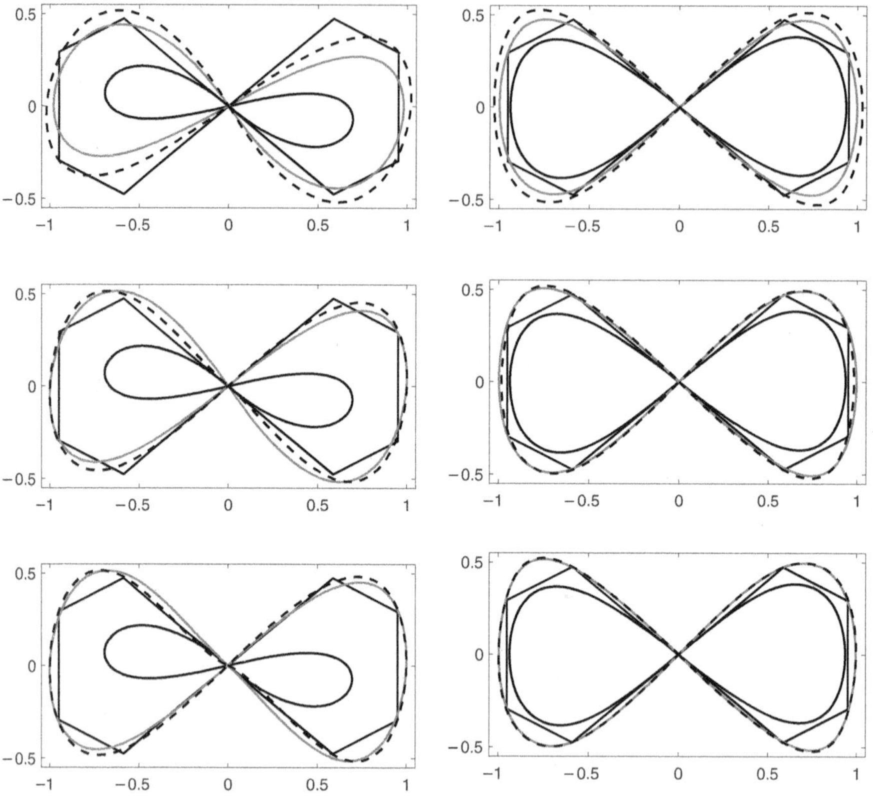

（a）Bézier曲线经过3次、10次和20次迭代后的拟合结果

（b）三次B样条曲线经过1次、2次和3次迭代后的拟合结果

图3.2 Gerono双纽线数据的拟合

为了量化分析数据拟合的精度，定义k次迭代后的曲线$\boldsymbol{P}^k(t)$和数据$\{\boldsymbol{p}_i\}_{i=0}^n$之间的拟合误差为

$$d_k = \max\{\|\boldsymbol{P}^k(t_i) - \boldsymbol{p}_i\|\}_{i=0}^n.$$

表3.2和表3.3列出加权PIA方法和PIA方法经过指定迭代次数后的拟合误差。对比结果表明，加权PIA方法的收敛速度更快，例如，加权PIA方法在10次迭代后，就能取得PIA方法大概需要经过20次迭代才能达到的精度。另外，如果数据点的数量比较多，那么建议使用分段Bézier曲线或B样条曲线作为拟合曲线，以避免Bézier曲线出现次数太高的问题。

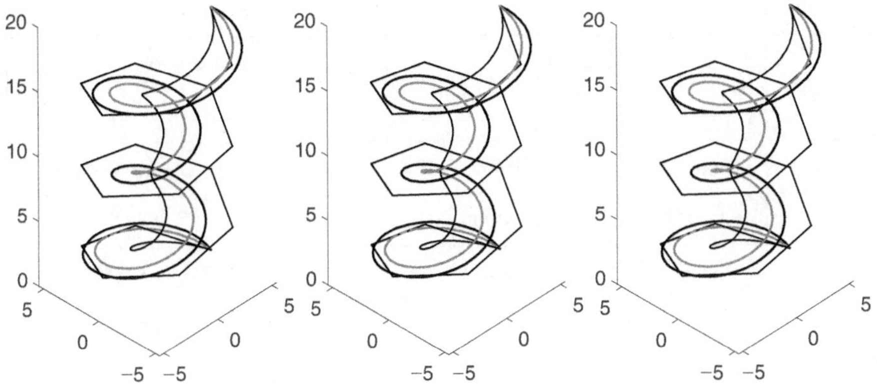

（a）Bézier曲线经过3次、10次和20次迭代后的拟合结果

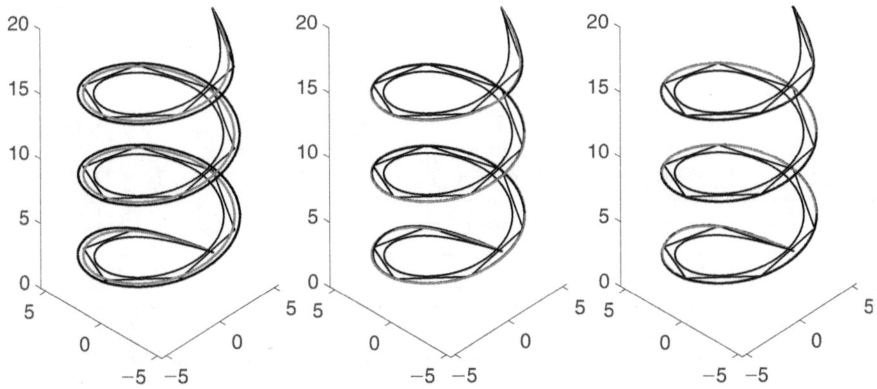

（b）三次B样条曲线经过1次、2次和3次迭代后的拟合结果

图3.3　螺旋线数据的拟合

表3.2　Gerono双纽线数据在拟合时的拟合误差

k次迭代	Bézier曲线		B样条曲线	
	加权PIA	PIA	加权PIA	PIA
0	4.620135e−01	4.620135e−01	1.723725e−01	1.723725e−01
1	2.631793e−01	3.490831e−01	4.090235e−02	5.708451e−02
2	1.721945e−01	2.801053e−01	1.237301e−02	2.281479e−02
3	1.340257e−01	2.312598e−01	5.329585e−03	1.048108e−02

续表

k次迭代	Bézier曲线		B样条曲线	
	加权PIA	PIA	加权PIA	PIA
4	1.092036e-01	1.954023e-01	2.036615e-03	5.304174e-03
5	9.512785e-02	1.685992e-01	8.263994e-04	2.855718e-03
6	8.350914e-02	1.482074e-01	3.261151e-04	1.598827e-03
7	7.463709e-02	1.323846e-01	1.330285e-04	9.265572e-04
8	6.687703e-02	1.198404e-01	5.267752e-05	5.665645e-04
9	6.027894e-02	1.096699e-01	2.194962e-05	3.469003e-04
10	5.446468e-02	1.012377e-01	8.665911e-06	2.127948e-04
15	3.441901e-02	7.333693e-02	1.115186e-07	1.887495e-05
20	2.369717e-02	5.637195e-02	1.380113e-09	1.700982e-06
25	1.786766e-02	4.447245e-02	2.174935e-11	1.539271e-07
30	1.461343e-02	3.579771e-02	3.017558e-13	1.394385e-08
35	1.309044e-02	2.940473e-02	4.986434e-15	1.263466e-09
40	1.271751e-02	2.466991e-02	2.288783e-16	1.144914e-10

表3.3　螺旋线数据在拟合时的拟合误差

k次迭代	Bézier曲线		B样条曲线	
	加权PIA	PIA	加权PIA	PIA
0	4.624577	4.624577	1.105845	1.105845
1	3.868353	4.246465	3.097317e-01	3.676239e-01
2	3.036176	3.849364	8.375265e-02	1.471971e-01
3	2.244280	3.428212	2.975002e-02	6.779905e-02
4	2.117219	3.048900	1.166351e-02	3.438666e-02
5	1.622221	2.723716	4.533284e-03	1.852054e-02

续表

k次迭代	Bézier曲线		B样条曲线	
	加权PIA	PIA	加权PIA	PIA
6	1.558006	2.447822	1.848516e-03	1.035501e-02
7	1.256018	2.213283	8.056670e-04	5.938120e-03
8	1.211104	2.012801	3.220072e-04	3.626373e-03
9	1.010787	1.840375	1.532987e-04	2.221317e-03
10	9.820949e-01	1.691200	6.254915e-05	1.365647e-03
15	6.042277e-01	1.181968	1.334829e-06	1.264084e-04
20	4.652951e-01	8.971303e-01	3.205500e-08	1.275990e-05
25	3.338619e-01	7.190871e-01	8.089789e-10	1.390944e--06
30	2.786617e-01	5.968398e-01	2.130513e-11	1.542153e-07
35	2.322219e-01	5.068952e-01	5.854147e-13	1.733723e-08
40	2.013669e-01	4.376396e-01	1.670845e-14	2.003222e-09

应用一　Bézier曲线的降阶问题

对于一条n次Bézier曲线

$$\boldsymbol{P}(t)=\sum_{i=0}^{n}B_i^n(t)\boldsymbol{p}_i,\quad t\in[0,1],$$

曲线降阶问题是指要寻找一条更低的m次($m<n$)Bézier曲线

$$\boldsymbol{Q}(t)=\sum_{i=0}^{m}B_i^m(t)\boldsymbol{q}_i,\quad t\in[0,1],$$

使得这两条曲线之间用L_2范数表示的逼近误差$\varepsilon=\int_0^1\|\boldsymbol{P}(t)-\boldsymbol{Q}(t)\|^2\mathrm{d}t$达到最小。

更多关于降阶方法的介绍以及讨论见第七章。

现在使用加权PIA方法来求解Bézier曲线的降阶问题。为取得满意的降阶结果，曲线$\boldsymbol{Q}(t)$和$\boldsymbol{P}(t)$在两个端点处应满足C^ℓ连续的约束条件，例如

· C^0连续要求$\boldsymbol{q}_0=\boldsymbol{p}_0,\boldsymbol{q}_m=\boldsymbol{p}_n$;

· C^1连续要求

$$\boldsymbol{q}_0=\boldsymbol{p}_0,\ \boldsymbol{q}_1=\boldsymbol{p}_0+\frac{n}{m}(\boldsymbol{p}_1-\boldsymbol{p}_0),\ \boldsymbol{q}_{m-1}=\boldsymbol{p}_n-\frac{n}{m}(\boldsymbol{p}_n-\boldsymbol{p}_{n-1}),\ \boldsymbol{q}_m=\boldsymbol{p}_n.$$

所以,曲线$\boldsymbol{Q}(t)$的首尾部分控制顶点被用于满足连续约束条件,而其他内部的控制顶点是不受约束的。

算法3.3 Bézier曲线降阶的迭代算法

输入 n次Bézier曲线的控制顶点$\{\boldsymbol{p}_i\}_{i=0}^n$,次数$m$,参数列$\{t_i\}_{i=0}^m$。

输出 m次Bézier曲线的控制顶点$\{\boldsymbol{q}_i\}_{i=0}^m$,误差$\varepsilon$。

Step1(初始化) 令$k=0$,取初始控制顶点为

$$\boldsymbol{q}_i^k=\boldsymbol{P}(t_i),\quad i=0,1,\cdots,m.$$

构造初始曲线为

$$\boldsymbol{Q}^k(t)=\sum_{i=0}^m B_i^m(t)\boldsymbol{q}_i^k,\quad t\in[0,1].$$

Step2 根据C^ℓ连续条件,计算相关的控制顶点$\boldsymbol{q}_i,i=0,1,\cdots,\ell,m-\ell,m-\ell+1,\cdots,m$。

Step3 当迭代次数为$k+1$时,计算控制顶点

$$\boldsymbol{q}_i^{k+1}=\boldsymbol{q}_i^k+\omega\Delta_i^k,\ \Delta_i^k=\boldsymbol{P}(t_i)-\boldsymbol{Q}^k(t_i),\quad i=\ell+1,\ell+2,\cdots,m-\ell-1.$$

根据Step2,其余控制顶点都取为$\boldsymbol{q}_i^{k+1}=\boldsymbol{q}_i$。构造迭代曲线为

$$\boldsymbol{Q}^{k+1}(t)=\sum_{i=0}^m B_i^m(t)\boldsymbol{q}_i^{k+1},\quad t\in[0,1],$$

并计算误差$\varepsilon=\int_0^1\|\boldsymbol{P}(t)-\boldsymbol{Q}^{k+1}(t)\|^2\mathrm{d}t$。

Step4 令$k=k+1$,重复Step3,直至误差ε趋于稳定或者达到最大迭代次数。

例3.3 一条五次Bézier曲线的控制顶点为{(0.5,0),(0,0.5),(2,5),(5,5),(8,3),(5,0)}。现在对它降一阶处理,得到四次的近似曲线,且要求在端点保持C^0连续。在图3.4(a)中,经过6次迭代后曲线的误差为

0.04163,并且误差已经开始稳定。图3.4(b)为误差随着迭代次数增加的变化图。

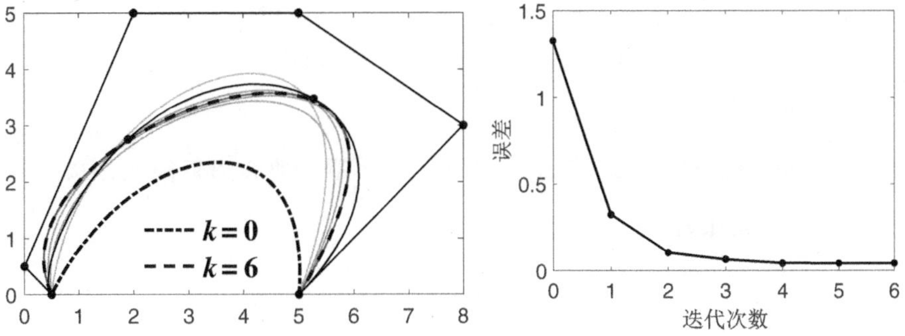

(a) 曲线演化　　(b) 误差变化

图3.4　五次曲线降为四次曲线的演化过程

例3.4　一条十五次Bézier曲线的控制顶点为{(0,0),(1.5,-2),(4.5,-1),(9,0),(4.5,1.5),(2.5,3),(0,5),(-4,8.5),(3,9.5),(4.4,10.5),(6,12),(8,11),(9,10),(9.5,5),(7,6),(5,7)}。现在对它降九阶处理,得到六次的近似曲线,且要求在端点保持C^0连续。在图3.5(a)中,经过10次迭代后曲线的误差为0.1484,并且误差已经开始稳定。图3.5(b)为误差随着迭代次数增加的变化图。

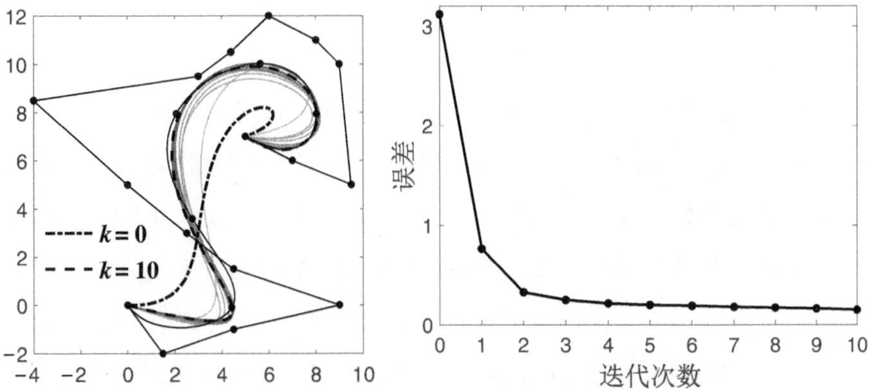

(a) 曲线演化　　(b) 误差变化

图3.5　十五次曲线降为六次曲线的演化过程

应用二　有理Bézier曲线的多项式曲线逼近问题

一条n次有理Bézier曲线定义为

$$\boldsymbol{P}(t)=\frac{\sum_{i=0}^{n}B_i^n(t)w_i\boldsymbol{p}_i}{\sum_{i=0}^{n}B_i^n(t)w_i},\quad t\in[0,1],$$

其中$\boldsymbol{p}_i$是控制顶点以及$w_i\in\mathbb{R}^+$是权因子。多项式曲线逼近问题是指要寻找一条m次Bézier曲线

$$\boldsymbol{Q}(t)=\sum_{i=0}^{m}B_i^m(t)\boldsymbol{q}_i,\quad t\in[0,1],$$

使得这两条曲线之间用L_1范数表示的逼近误差$\varepsilon=\int_0^1\|\boldsymbol{P}(t)-\boldsymbol{Q}(t)\|\mathrm{d}t$达到最小。

不同于应用一,这里采用L_1范数表示的误差,但其实也可以换成L_2范数的形式。

有理Bézier曲线除了控制顶点之外,还可以使用权因子进行几何设计。例如,能够精确表示圆弧等圆锥曲线,这在CAD/CAM领域具有较为重要的实际应用价值。但是,由于权因子在分母中出现,导致求导麻烦和积分困难等实际问题。更多关于有理Bézier曲线的定义及性质,见相关专著[4]。

有理Bézier曲线的多项式曲线逼近是几何造型中的一个经典问题,目前已有一些相关的研究成果,例如参考文献[82—88]。在实际应用中需要研究用多项式曲线进行近似逼近,如果逼近误差很小的话,那么就可以用多项式曲线作为有理曲线的近似表示,以避免有理形式的缺陷。王国瑾等[82]探讨了有理多项式函数逼近时的收敛性。Floater[83]提出有理曲线的多项式高阶逼近。黄有度等[84]提出直接取有理Bézier曲线升阶后的控制顶点作为近似Bézier曲线的控制顶点,并且证明了这样做在理论上总是收敛的,但是收敛速度比较慢。蔡鸿杰和王国瑾[85]推导有理Bézier曲线满足

连续约束的充要条件,并将该充要条件用于研究有理曲线的多项式曲线逼近。此外,还有基于采样数据[68]、对偶基[86]、重新参数化[87]和Jacobi小波[88]等的近似方法。

下面给出有理Bézier曲线近似逼近的迭代算法。

算法3.4　有理Bézier曲线转化为多项式曲线的迭代算法

输入　n次Bézier曲线的控制顶点$\{\boldsymbol{p}_i\}_{i=0}^n$和权因子$\{w_i\}_{i=0}^n$,次数$m$,参数列$\{t_i\}_{i=0}^m$。

输出　m次Bézier曲线的控制顶点$\{\boldsymbol{q}_i\}_{i=0}^m$,误差$\varepsilon$。

Step1(初始化)　令$k=0$,取初始控制顶点为

$$\boldsymbol{q}_i^k=\boldsymbol{P}(t_i),\quad i=0,1,\cdots,m.$$

构造初始曲线为

$$\boldsymbol{Q}^k(t)=\sum_{i=0}^m B_i^m(t)\boldsymbol{q}_i^k,\quad t\in[0,1].$$

Step2　当迭代次数为$k+1$时,计算控制顶点

$$\boldsymbol{q}_i^{k+1}=\boldsymbol{q}_i^k+\omega\Delta_i^k,\ \ \Delta_i^k=\boldsymbol{P}(t_i)-\boldsymbol{Q}^k(t_i),\quad i=0,1,\cdots,m.$$

构造迭代曲线为

$$\boldsymbol{Q}^{k+1}(t)=\sum_{i=0}^m B_i^m(t)\boldsymbol{q}_i^{k+1},\quad t\in[0,1],$$

并计算误差$\varepsilon=\int_0^1\|\boldsymbol{P}(t)-\boldsymbol{Q}^{k+1}(t)\|\mathrm{d}t$。

Step3　令$k=k+1$,重复Step2,直至误差ε趋于稳定或者达到最大迭代次数。

例3.5　一条七次有理Bézier曲线的控制顶点为{(0,0),(0.5,2),(1.5,2),(2.5,-2),(3.5,-2),(4.5,2),(5.5,2),(6,0)},以及相应的权因子为{1,2,1/3,2,2,1/3,2,1}。现在用五次Bézier曲线进行近似逼近。结果见图3.6。表3.4列出参考文献[84]方法和本节方法使用m次Bézier曲线进行近似逼近时的误差,显然本节方法的误差小得多,同时参考文献[84]方法的误差变化非常缓慢,即收敛速度很慢。

表 3.4　*m* 次 Bézier 曲线近似逼近时的误差

	m=7	8	9	10	11	12
参考文献[84]	0.538050	0.261699	0.165832	0.130822	0.110264	0.095444
第 3.3 节	0.037923	0.035547	0.023335	0.016259	0.013806	0.012295
	m=13	14	15	16	17	18
参考文献[84]	0.084161	0.075275	0.068084	0.062141	0.057146	0.052890
第 3.3 节	0.011220	0.009933	0.008897	0.006065	0.002309	0.001462

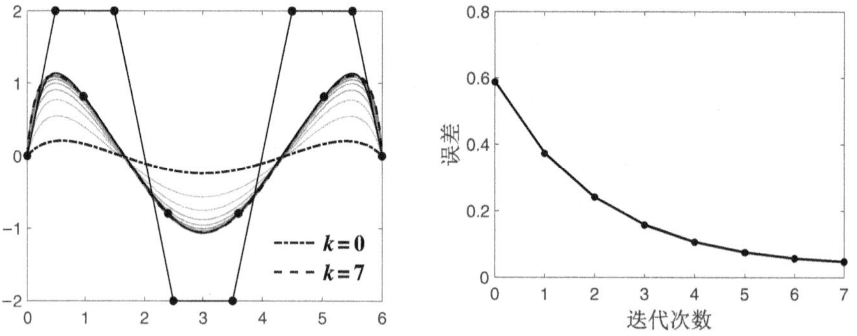

（a）曲线演化　　　　（b）误差变化

图 3.6　七次有理曲线转化为五次多项式曲线的演化过程

3.4　本章小结

本章研究了三维数据拟合的加权 PIA 方法，具有迭代公式简单和无须求解线性方程组等优点。通过指定权因子的最优值，加权 PIA 方法可达到最快的收敛速度。从理论的角度上看结论很完美，因为权因子的最优值完全由配置矩阵的最小特征值所决定。但考虑到实际情况，矩阵特征值的计算还不是那么方便；尤其是在大规模数据拟合时，配置矩阵的维数往往很高，特征值计算将是非常耗时且困难的。通常，高维配置矩阵的最小特征值非常接近于0，所以权因子的最优值是小于但非常接近于2。另外，也可用近似方法来估计配置矩阵的最小特征值,结果虽然在理论上不是最优的,但可看作是最优值的一个近似,此时加权PIA方法的收敛速度也是比较满意的。

除数据拟合外,加权PIA方法也可用于解决一些几何构造问题,例如Bézier曲线的降阶和有理Bézier曲线的多项式曲线逼近。另外,从曲线拓展到张量积曲面和三角Bézier曲面,在曲面重构方面的应用也是非常值得开展的研究工作。

第四章 二维曲线数据的特征识别与形状重构

许多科学问题都需要从曲线数据上选取一定数量的采样点,然后再利用采样数据进行后续的形状重构与分析。采样数据的好坏对形状重构有着极其重要的影响,如果采样数据的分布不合理或者不能真实反映形状的几何特征,那么形状重构方法也就无法生成比较满意的结果。目前广泛使用的均匀采样方法都是根据某一几何量(例如参数或弧长)等分,以确定采样点在曲线上的位置[37—40]。虽然均匀采样方法具有方法简单和容易实现等方面的优点,但是总会忽略一些非常关键的特征点,导致生成质量不高或者不是很满意的采样结果。从应用的角度看,均匀采样方法由于缺乏特征识别的能力,很难再现曲线原来的轮廓特征,例如如果遗漏了手模型的指尖,结果就会显得十分笨拙。因此,高质量采样方法应具备特征识别的能力,能够做到识别对形状有着极大影响的特征点,同时这也会给后续的形状重构、设计和分析等数据处理问题带来很多益处。

尽管采样数据可直接用来描绘曲线的几何轮廓,但是采样数据仍要经过数据拟合等处理,才能转化为在CAD中广泛使用的B样条等连续形式。由于数据点形成的多边形从连续性上看只是原来曲线的C^0近似,光滑性还是有所欠缺,不足以满足实际问题的需要。另外一个方面,为了获得高质量采样,数据点的数量通常会比较多,只有在转化为B样条形式后才能降低数据规模,也才能更好进行后续的形状调整和分析。

如何捕获曲线数据原来的几何形状特征,以及如何高效选取高质量的采样点,这些都是曲线采样时碰到的非常关键的问题[89—93]。这里的主要困难是形状特征是很难量化的一个概念,以及如何做到用一个统一的标准来选取特征点。传统微分几何中的曲率描述了曲线的弯曲程度,所以特征点会出现在曲线弯曲比较大的地方,而不是在曲线比较平坦的地方。目前来说,高质量的采样方法仍需要系统深入的研究工作。此外,也有不少学者研究离散数据的采样问题[41,42],跟连续曲线情形的主要差别是,离散数据缺乏曲率信息,必须先估计数据点的离散曲率,才能提出相应的特征识别方法。

针对曲线数据,为获得高质量的采样和形状重构结果,通常需要做到精准识别曲线上的特征点。基于特征识别的采样方法须借助曲率等内在几何量,先从曲线上识别出对形状有着关键影响的特征点,例如拐点和曲率极值点。另外,除了特征点外,还需要在曲线上选取一些或较多的辅助点,从而生成指定数量的采样点或者形成较为满意的结果。对于二维曲线来说,曲率是决定曲线形状唯一的内在几何量,是实现特征识别的关键所在[94]。

虽然曲线上的拐点和曲率极值点都能通过求解曲率方程的根而得到,但是曲率方程在一般情况下都是高度非线性的,因此往往求解困难,并且更麻烦的是无法获得所有的根。为避免求解非线性方程,本章将借助抛物线插值法提出全新的特征识别方法,以获得曲线上所有的特征点。该方法将二维曲线的参数域划分成许多个小区间,使得每个小区间内最多只包含一个特征点;对于每个包含特征点的小区间,构造一条抛物线来近似表示在该区间上的曲率函数,从而经简单计算后得到特征点的近似位置。由于抛物线插值法的收敛阶约为$O(h^{1.32})$,所以这在精度和效率之间达成较好的平衡。

曲线采样问题还需要从曲线上选取一定数量的辅助点,从而获得满意的采样结果。辅助点其实对形状的影响没有特征点那么重要,但它们在采样时也同样是不可或缺的,主要因为特征点的数量相对比较少,如果只有特征点的话还不足以描述曲线的整体轮廓,因此采样数据由它们一起组合而成。针对辅助点选取,首先定义一个基于弧长和曲率加权的特征函数,然后借助特征函数来选取曲线上的辅助点。更进一步地,在此基础上也能设计辅助点选取的自适应算法,以满足给定的误差阈值。

几何形体的构造一直是CAD和相关领域的核心研究内容,在许多相关应用领域占有重要地位。虽然曲线造型技术经过几十年的发展,已经日趋成熟,但是几何形状的高质量重构仍然是当前的热点研究问题。本章将提出二维曲线基于特征识别的高质量B样条曲线重构方法。从一条参数曲线出发,曲线重构方法先获得具有代表性的采样数据,再用加权PIA方法获得插值这些采样点的B样条曲线。通过这样的处理方式,可以把任何一条参数曲线转化为B样条曲线的形式,以符合CAD系统对多项式形式的应用需求。

为此,针对二维曲线数据的采样问题,本章提出基于特征识别的高质量采样方法。方法包含两个步骤:特征识别和辅助点选取。特征识别阶段通过曲率函数识别二维曲线上所有的拐点和曲率极值点,并把它们作为曲线的特征点,重点是如何做到精准识别。辅助点选取阶段通过特征函数选取一定数量的采样点或者通过自适应的方式来满足给定的误差阈值,重点是如何快速计算特征函数。主要创新点在如下几个方面:利用抛物线插值法,提出确定特征点位置的近似方法;构造基于弧长和曲率加权的特征函数,为辅助点选取提供更多的自由度;提出二维曲线基于特征识别的采样方法,为参数曲线的B样条转化提供新的方法。

4.1 二维曲线的曲率分布

一条二维参数曲线定义为

$$\boldsymbol{R}(t)=(x(t),y(t)),\quad t\in[a,b]. \tag{4.1}$$

通常约定曲线是**正则**的,即满足

$$\boldsymbol{R}'(t)=(x'(t),y'(t))\neq\boldsymbol{0},\quad \forall t\in[a,b].$$

为了定义曲线的曲率函数,还需要假设它至少是二阶可导的。切向量、弧长和曲率都是二维曲线最基本的内在几何量[94]。

曲线 $\boldsymbol{R}(t)$ 的切向量为 $\boldsymbol{R}'(t)=(x'(t),y'(t))$,它的单位切向量和单位法向量分别为

$$\boldsymbol{T}(t)=\frac{\boldsymbol{R}'(t)}{\|\boldsymbol{R}'(t)\|}=\frac{(x'(t),y'(t))}{\sqrt{(x'(t))^2+(y'(t))^2}},$$

$$\boldsymbol{N}(t)=\frac{(-y'(t),x'(t))}{\sqrt{(x'(t))^2+(y'(t))^2}}.$$

如果对曲线重新参数化,那么切向量和法向量的方向是不变的或者跟原来刚好相反;而切线和法线当然是不变的,即不依赖于参数化。

令 $\sigma(t)=\|\boldsymbol{R}'(t)\|$ 表示切向量的长度,则 $\boldsymbol{R}'(t)=\sigma(t)\boldsymbol{T}(t)$。$\boldsymbol{T}(t)$ 是单位向量,因此 $\boldsymbol{T}(t)\cdot\boldsymbol{T}'(t)\equiv 0$,即向量 $\boldsymbol{T}'(t)$ 跟法向量是平行的。记 $\boldsymbol{T}'(t)=\sigma(t)\kappa(t)\boldsymbol{N}(t)$,并代入 $\boldsymbol{R}''(t)=(\sigma(t)\boldsymbol{T}(t))'=\sigma'(t)\boldsymbol{T}(t)+\sigma(t)\boldsymbol{T}'(t)$ 后,然后在等式的两边分别跟 $\boldsymbol{R}'(t)$ 做向量积,可得 $\boldsymbol{R}'(t)\times\boldsymbol{R}''(t)=\sigma^3(t)\kappa(t)\boldsymbol{T}(t)\times\boldsymbol{N}(t)$。于是,曲率函数的表达式为

$$\kappa(t)=\frac{\det(\boldsymbol{R}'(t),\boldsymbol{R}''(t))}{\|\boldsymbol{R}'(t)\|^3}=\frac{x'(t)y''(t)-x''(t)y'(t)}{\sqrt{[(x'(t))^2+(y'(t))^2]^3}}. \tag{4.2}$$

尽管曲率公式从表面上看跟一阶和二阶导数有关,但实际上它只跟曲线上点的位置有关,即不依赖于曲线的参数化。如果曲率在某一点是正(负)的,那么曲线局部位于该点处切线的左(右)边;而当 $\kappa(t)=0$ 时,曲线将穿

过切线，这就是曲线上所谓的拐点。

定义曲线$\boldsymbol{R}(t)=(x(t),y(t))$, $t\in[a,b]$的弧长函数为

$$s(t)=\int_a^t \|\boldsymbol{R}'(u)\|\mathrm{d}u=\int_a^t\sqrt{(x'(u))^2+(y'(u))^2}\,\mathrm{d}u,\quad t\in[a,b].$$

弧长函数是严格递增的，并且满足$s(a)=0$。经过$t\to s$的参数变换后，曲线就表示为弧长参数s的形式$\boldsymbol{R}(s)=(x(s),y(s))$，满足$\|\dot{\boldsymbol{R}}(s)\|\equiv 1$。反之，如果满足$\|\boldsymbol{R}'(t)\|\equiv 1,\forall t\in[a,b]$，那么曲线$\boldsymbol{R}(t)$的参数本身就是弧长参数。在弧长参数表示下曲线$\boldsymbol{R}(s)$的几何量可简单计算，例如$\kappa(s)=\|\ddot{\boldsymbol{R}}(s)\|$，以及

$$\boldsymbol{T}(s)=(\dot{x}(s),\dot{y}(s)),\quad \boldsymbol{N}(s)=(-\dot{y}(s),\dot{x}(s)),\quad \ddot{\boldsymbol{R}}(s)=\kappa(s)N(s).$$

所以，几何量在弧长参数表示时具有非常简洁的表达式。由于$\boldsymbol{T}(s)$是单位向量，当质点沿着曲线运动时，只有切向的方向会发生改变，曲率表示曲线上某个点的切线方向角对弧长的转动率，即$\mathrm{d}\theta/\mathrm{d}s$，表明曲线偏离直线的程度。然而，弧长函数及其反函数都是非线性的或者比较复杂，实际上只有一些简单曲线才存在显式表达式。所以弧长参数的形式在理论上是存在的，但缺乏实用性，通常要使用低次多项式近似逼近和数值积分法。

曲率半径定义为$\rho(t)=1/\kappa(t)$，它定义了一个圆心在$\boldsymbol{R}(t)+\rho(t)\boldsymbol{N}(t)$和半径为$\rho(t)$的曲率圆。在曲线上某个点的局部范围内，曲线的形状跟曲率圆非常接近，常用曲率圆上的一段圆弧来近似代替曲线。所以曲率半径形象地量化了曲线的弯曲程度：如果曲率半径越小（即曲率越大），那么曲线的弯曲程度就越大。

在几何设计时，除了考虑几何形状外，更要关注曲线内在的曲率分布情况。常见做法是作出曲率函数$\kappa(t)$, $t\in[a,b]$的图形，即**曲率图**（curvature plot）。相比于对形状有着直观感受的曲线图，曲率图对形状的影响是非常不直观的，其实很难从曲率图联想到曲线的形状会是怎么样的，以及当曲率图发生改变时，很难判断曲线的形状会发生怎样的变化。例如，仅仅稍微修改了曲线的参数方程，曲线图上的改变也许是无法觉察到的，但

曲率图却会大相径庭。另外一个比较棘手的问题是很难对曲率图的好坏做出合理的评价。通常来说,一个好的曲率图应该是分段单调的并且单调段数要尽量少,以及曲率变化整体上看应该是比较平缓的,而当单调段数太多时,曲线的形状一般不会很优美。重新参数化可在形状保持不变的前提下,对曲率分布做出稍微改善,但不是全面提高。

曲率梳(curvature comb)是另外一种反映曲率分布的作图方式。定义直线段

$$\text{Line: } \boldsymbol{R}(t) \rightarrow \boldsymbol{R}(t) + d\kappa(t)\boldsymbol{N}(t),$$

它表示在曲线上的某个点$\boldsymbol{R}(t)$处,沿着法向量的方向画一条直线段。当$d = 1$时,直线段的长度刚好等于曲率的绝对值。缩放因子d的作用是调整所有直线段的长度,避免出现太长的直线段而无法显示,或者因为所有曲率值都很接近于零而出现整体不明显的图形,经过相同比例的缩放后使直线段能够更合理且完美地呈现在曲线上。对曲线离散后,直线段就像一根根的“梳齿”一样挂在曲线上,外形看起来像梳子,并且梳齿的长短反映了曲率的变化规律。所以,这种将曲线和反映曲率值大小的直线段相结合的作图方式被形象地称为曲率梳。在曲率梳作图时,建议使用曲线的弧长参数化表示,因为这样能够使梳齿等距分布在曲线上,达到更好的视觉效果。如果一个几何形状是由几段曲线构成的,那么呈现在一起的曲率梳比多个分开显示的曲率图更加方便一些,而且也更合理。

图4.1显示了一条三次Bézier曲线的曲率图和曲率梳。

曲率图和曲率梳都可以用来表达曲率的分布情况。但它们有以下几个区别:

(1) 曲率图的横坐标是曲线的参数,反映了曲率值和参数之间的对应关系。从曲率图上看,哪些地方是拐点,哪些地方是曲率极值点,都一目了然。但是只有在确定参数值(通常都是近似值),代入参数方程后才能得到数据点在曲线上的位置,因此数据点和曲率之间的对应关系是间接的。

(2) 曲率梳隐含着曲线上的数据点和曲率之间的直接对应关系,并且

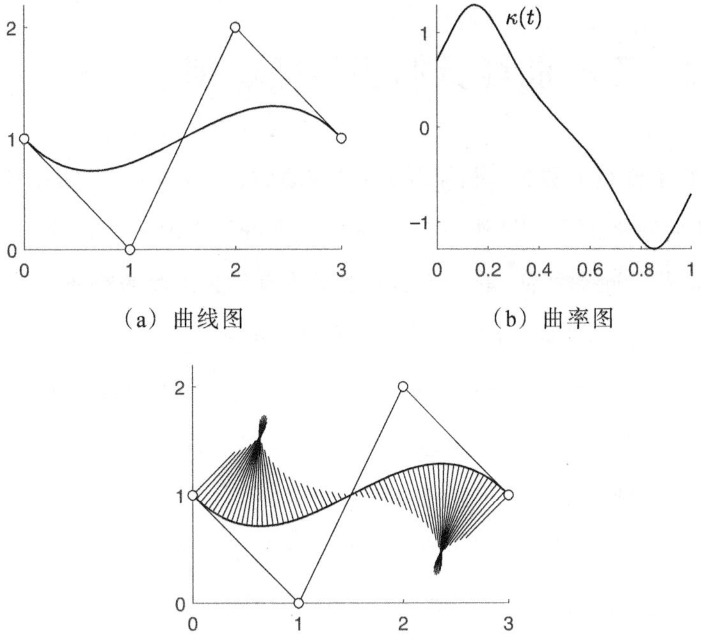

(a) 曲线图　　(b) 曲率图

(c) 曲率梳(d = 0.8)

图4.1　二维曲线的曲率分布

从图上就能看到哪些数据点的曲率比较大。所以对曲线进行形状分析时更加方便,具有更好的应用性和实用性。

(3) 曲率图非常适用于一段曲线的情形。如果涉及多段曲线的话,那么在曲率图作图时要使用缩放和平移的参数变换,才能显示在一个图中。此时,使用曲率梳就更方便一些。

(4) 由于缩放因子d的存在,曲率梳对曲率分布情况的判断会产生一定程度的影响。比如当d比较小时,呈现出来的曲率分布整体上差不多,差异将变小。另外,如果曲率值在某个区域内相差不大,那么曲率值之间的差异就不会像曲率图那样的明显。

(5) 如果是三维曲线的话,那么法向及曲率梳会因为视角的问题,很容易出现一定程度的失真或误判。此时,使用曲率图是更好的选择。

4.2 二维曲线数据的特征识别

从曲率分布上看，二维曲线的特征点通常出现在曲线弯曲比较大的地方，例如曲率极值点。另外，拐点也是一类很重要的特征点。所以，为了更好刻画曲线的轮廓特征，取拐点和曲率极值点作为曲线的特征点。

对于一条正则曲线 $\boldsymbol{R}(t)=(x(t),y(t)),\ t\in[a,b]$，曲线上拐点存在的充分条件是满足方程 $\kappa(t)=0$，而曲率极值点须满足方程 $\kappa'(t)=0$。但是，从方程求根获得这些特征点对应的参数值通常是不现实的，并且数值方法须提供初值，因此通常很难得到所有的数值解。

为了解决这个问题，提出利用抛物线插值法[95]来确定曲线上所有的特征点。首先将曲线 $\boldsymbol{R}(t)$ 的参数域 $[a,b]$ 划分成许多个小区间，使得每个小区间内最多包含一个特征点。然后，如果在某个小区间内存在一个特征点的话，需要确定该特征点所在的位置，记该特征点为 $\boldsymbol{R}(\bar{t}_i)$。现在，用抛物线插值法来确定参数 $\bar{t}_i$ 的近似值。

取 $\{\boldsymbol{R}(\hat{t}_i)\}_{i=0}^{m}$ 为曲线 $\boldsymbol{R}(t)$ 上的一系列采样点，其中参数 $\{\hat{t}_i\}_{i=0}^{m}$ 按递增排序，即 $a=\hat{t}_0<\hat{t}_1<\cdots<\hat{t}_m=b$。这 $m+1$ 个采样点只是用来近似表示曲线原来的轮廓，因此无须过多考虑它们的参数值选取。考虑到曲线形状的不确定性和复杂性，参数等分是一种比较简单合理的做法。此时，

$$\hat{t}_i=a+ih,\ i=0,1,\cdots,m,\quad h=\frac{b-a}{m},$$

其中 h 表示所有小区间的步长。需要说明的是，弧长参数等分也许是更好的做法，但这要求将曲线转化为弧长参数的形式。但是，考虑到如下三个方面的原因，一般不推荐使用弧长参数等分。第一，尽管弧长参数具有很好的几何性质和应用价值，但是将参数曲线表示成弧长参数的形式是比较困难的事情，不仅计算量大而且比较耗时，例如多项式曲线在弧长参数化后将不再是多项式曲线了。第二，这些采样点只是用于特征识别时的辅助

工具,因此不需要太在意它们在曲线上的分布情况。第三,抛物线插值法的收敛阶约为$O(h^{1.32})$,只要指定较大的m,那么就可得到特征点比较精确的近似位置,从而达到精度和效率的较好平衡。

如果m的值相对较小,那么曲线在某个小区间$[\hat{t}_i, \hat{t}_{i+1}]$内可能存在多个特征点,因此需要指定较大的$m$以避免出现这一情况。如果曲线的形状比较复杂,也需要指定较大的m。此外,当m的值充分大时,抛物线插值法就能更精确地得到特征点所在的位置。大量实验结果表明,当$m \in [30, 60]$时效果不错。另外,有时候也会出现不太理想的结果,此时就需要交互修改,通过增加m的值使小区间的长度变小。

例如,一条二维曲线表示为

$$\begin{cases} x(t) = t, \\ y(t) = t - 0.5t^2 + 0.2\sin 12t, \end{cases} \quad t \in [0, 1]. \tag{4.3}$$

图 4.2 为该曲线上拐点(用 o 标示)和曲率极值点(用×标示)的近似位置,此时$m = 40$。

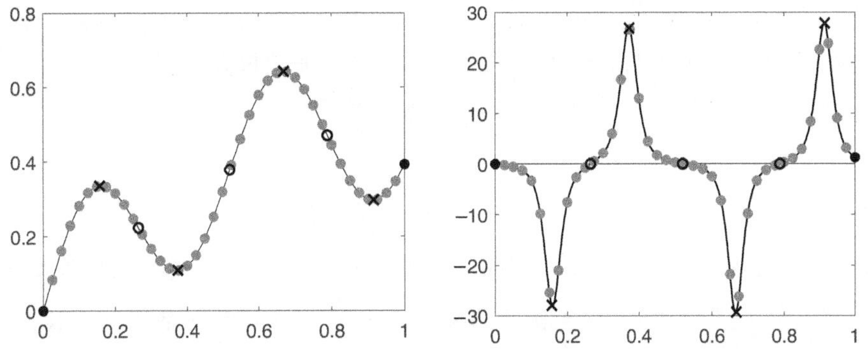

(a) 曲线图　　(b) 曲率函数

图 4.2　曲线(4.3)的拐点和曲率极值点

根据公式(4.2),假设曲线在各参数$\hat{t}_i$处的曲率为$\hat{\kappa}_i := \kappa(\hat{t}_i)$。曲线上拐点存在的充分条件是$\kappa(t) = 0$。对于每个$i \in \{1, 2, \cdots, m-1\}$,当$\hat{\kappa}_{i-1}\hat{\kappa}_{i+1} < 0$时,如果$\hat{\kappa}_i$的值已经非常接近于零,那么就直接取$\boldsymbol{R}(\hat{t}_i)$为拐点。而对于

每个 $i \in \{0, 1, \cdots, m-1\}$，当 $\hat{\kappa}_i \hat{\kappa}_{i+1} < 0$ 时，在区间 $(\hat{t}_i, \hat{t}_{i+1})$ 内就存在一个拐点，记其为 $\boldsymbol{R}(t_i^{\circ})$。现在用抛物线插值法来确定参数 t_i° 的近似位置。令 $\hat{t}_{i+0.5} = 0.5(\hat{t}_i + \hat{t}_{i+1})$，以及 $\hat{\kappa}_{i+0.5} \coloneqq \kappa(\hat{t}_{i+0.5})$ 表示曲线在 $\hat{t}_{i+0.5}$ 处的曲率。如果 $\hat{\kappa}_{i+0.5}$ 的值非常接近于零，那么就直接取 $t_i^{\circ} = \hat{t}_{i+0.5}$；否则，构造一条经过三个点 $\{(\hat{t}_i, \hat{\kappa}_i), (\hat{t}_{i+0.5}, \hat{\kappa}_{i+0.5}), (\hat{t}_{i+1}, \hat{\kappa}_{i+1})\}$ 的抛物线 $\hat{\kappa}(t) = a_2 t^2 + a_1 t + a_0$，如图 4.3(a) 所示。最后，容易得到二次方程 $\hat{\kappa}(t) = 0$ 的唯一解，并将该唯一解作为 t_i° 的近似值。此时，$\kappa(t_i^{\circ})$ 的值不一定等于零，但已经非常接近了，因此 t_i° 只能说是一个近似解。由于步长 h 是非常小的以及抛物线插值法的收敛阶约为 $O(h^{1.32})$，近似解的精确程度还是非常高的。对于每个 $i \in \{0, 1, \cdots, m-1\}$ 都使用这样的处理方式，就可获得曲线上所有的拐点。

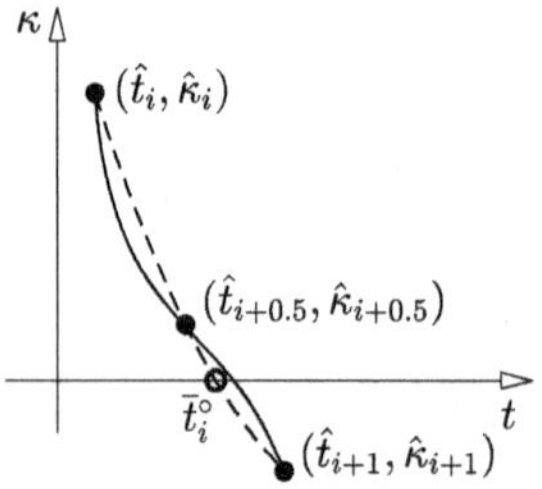

(a) 拐点情形

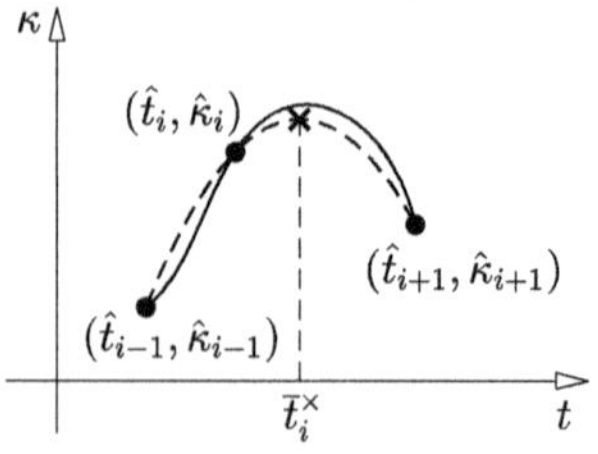

(b) 曲率极值点情形

图 4.3　曲率函数的抛物线插值

曲率极值点的处理过程跟拐点情形有些类似。当 $\hat{\kappa}_i > \hat{\kappa}_{i-1}$ 和 $\hat{\kappa}_i > \hat{\kappa}_{i+1}$ 时，在区间 $(\hat{t}_{i-1}, \hat{t}_{i+1})$ 内就存在一个曲率极大值点；而当 $\hat{\kappa}_i < \hat{\kappa}_{i-1}$ 和 $\hat{\kappa}_i < \hat{\kappa}_{i+1}$ 时，在区间 $(\hat{t}_{i-1}, \hat{t}_{i+1})$ 内就存在一个曲率极小值点。把这两类曲率极值点都统一记为 $\boldsymbol{R}(t_i^{\times})$。同样地，利用抛物线插值法来确定参数 $t_i^{\times}$ 的近似值。设经过三个点 $\{(\hat{t}_{i-1}, \hat{\kappa}_{i-1}), (\hat{t}_i, \hat{\kappa}_i), (\hat{t}_{i+1}, \hat{\kappa}_{i+1})\}$ 的抛物线为 $\hat{\kappa}(t) = b_2 t^2 + b_1 t + b_0$，如图 4.3(b) 所示。从 $\hat{\kappa}'(t) = 0$，得到

$$\hat{t}_i^{\times} = -\frac{b_1}{2b_2} = \frac{(\hat{t}_i^2 - \hat{t}_{i-1}^2)(\hat{\kappa}_i - \hat{\kappa}_{i+1}) + (\hat{t}_{i+1}^2 - \hat{t}_i^2)(\hat{\kappa}_i - \hat{\kappa}_{i-1})}{2(\hat{t}_i - \hat{t}_{i-1})(\hat{\kappa}_i - \hat{\kappa}_{i+1}) + 2(\hat{t}_{i+1} - \hat{t}_i)(\hat{\kappa}_i - \hat{\kappa}_{i-1})}.$$

容易验证 $\hat{t}_{i-1} < \hat{t}_i^{\times} < \hat{t}_{i+1}$。对于每个 $i \in \{1, 2, \cdots, m-1\}$，都使用这样的处理方式，就可获得曲线上所有的曲率极值点。

综上所述，拐点和曲率极值点共同构成了二维曲线的特征点序列，其中特征点的参数始终保持从小到大的排列顺序。

4.3　二维曲线数据的非均匀采样

对于一条曲线$\boldsymbol{R}(t)=(x(t),y(t)),\ t\in[a,b]$，假设已经用第4.2节的方法生成曲线上的特征点序列$\{\boldsymbol{R}(\bar{t}_i)\}_{i=0}^m$，由两个端点、拐点和曲率极值点所构成。并且参数$\{\bar{t}_i\}_{i=0}^m$按递增排序，即$a=\bar{t}_0<\bar{t}_1<\cdots<\bar{t}_m=b$。特别地，如果特征点序列中除两个端点$\{\boldsymbol{R}(a),\ \boldsymbol{R}(b)\}$外没有其他特征点，那么此时$m=1$。另外，考虑到特征点的数量通常比较少，这就需要从曲线上选取一些额外的辅助点，从而生成满意的采样结果。

那么，如何获得具有代表性的辅助点？这需要分析弧长和曲率等因素对曲线形状的影响。定义曲线$\boldsymbol{R}(t),\ t\in[a,b]$的特征函数为

$$\lambda(t)=(1-\omega)\frac{L(t)}{L(b)}+\omega\frac{K(t)}{K(b)},\quad t\in[a,b],\tag{4.4}$$

其中$L(t)$和$K(t)$分别表示从起点$\boldsymbol{R}(a)$到$\boldsymbol{R}(t)$这一段子曲线的弧长长度和全曲率，其定义为

$$L(t)=\int_a^t\|\boldsymbol{R}'(u)\|\mathrm{d}u,\quad K(t)=\int_a^t|\kappa(u)|\mathrm{d}u,\tag{4.5}$$

以及$\kappa(t)$是曲线$\boldsymbol{R}(t)$的曲率函数。权重$\omega\in(0,1)$控制弧长和曲率这两个因素的比重，可看作一个自由度。根据曲线的实际形状，通过调整权重的值以取得效果更佳的采样结果。显然，特征函数$\lambda(t)\in[0,1]$是单调递增的，并且包含三种退化情形：

（1）当$\omega=0$时，特征函数退化为弧长函数$L(t)$，这是参考文献[38]、[39]中使用的特征函数；

（2）当$\omega=1$时，特征函数退化为全曲率函数$K(t)$，这是参考文献[38]中使用的特征函数；

(3) 当$\omega = 0.5$时,特征函数的作用等同于弧长和曲率这两个因素的平均,见参考文献[40]。

尽管之前的均匀采样方法已经探讨了特征函数的用途,但是这些方法都只是简单地将两个端点取为特征点。由于均匀采样方法没有专门研究其他特征点的识别方法,不可避免地会忽略对形状非常关键的特征点,导致结果不够令人满意。

在特征点序列的基础上,利用特征函数提出如下的迭代算法,以生成$N+1$个点组成的采样点序列$\{\boldsymbol{R}(t_i)\}_{i=0}^{N}$。

算法 4.1 二维曲线基于特征识别的非均匀采样

输入 二维曲线$\boldsymbol{R}(t)=(x(t),y(t)),\ t\in[a,b]$,特征点序列$\{\boldsymbol{R}(\bar{t}_i)\}_{i=0}^{m}$,采样点数量$N+1$。

输出 采样点序列$\{\boldsymbol{R}(t_i)\}_{i=0}^{N}$。

Step1(初始化) 令$M=m$,取特征点序列为当前采样点序列,并记为$\{\boldsymbol{R}(t_i)\}_{i=0}^{M}$。

Step2 对于当前采样点序列$\{\boldsymbol{R}(t_i)\}_{i=0}^{M}$,在所有从$\boldsymbol{R}(t_i)$到$\boldsymbol{R}(t_{i+1})$的子曲线中挑选特征最突出的一段,该段子曲线需满足$\lambda(t_{i+1})-\lambda(t_i)$的值最大。

Step3 在从$\boldsymbol{R}(t_i)$到$\boldsymbol{R}(t_{i+1})$的这段子曲线上找到一个新的辅助点$\boldsymbol{R}(t_{M+1})$,使满足$\lambda(t_{M+1})=0.5\big(\lambda(t_i)+\lambda(t_{i+1})\big)$。从而把这段子曲线一分为二。

Step4 令$M=M+1$,更新当前采样点序列为$\{\boldsymbol{R}(t_i)\}_{i=0}^{M}$,其中参数$\{t_i\}_{i=0}^{M}$总是保持递增排序。

Step5 如果$M=N$,算法结束;否则,转至Step2。

由于公式(4.5)中的两个积分都没有显式表达式,需要借助数值积分法进行计算,例如高斯积分法和辛普森积分法。

需要注意的是,特征函数$\lambda(t)$依赖于权重ω的取值。权重的值一旦被指定，所有辅助点的位置也就随之而产生。由于辅助点是在特征点之后才逐步添加的，权重值对辅助点的位置还是存在一定的影响。图 4.4 所示为不同权重对辅助点及形状重构结果的影响，图中第一行是特征函数，第二行是相应的特征点和辅助点以及三次 B 样条拟合曲线。

在图 4.4 以及后续图中，端点、拐点、曲率极值点和辅助点分别用•、o、×和□标示。

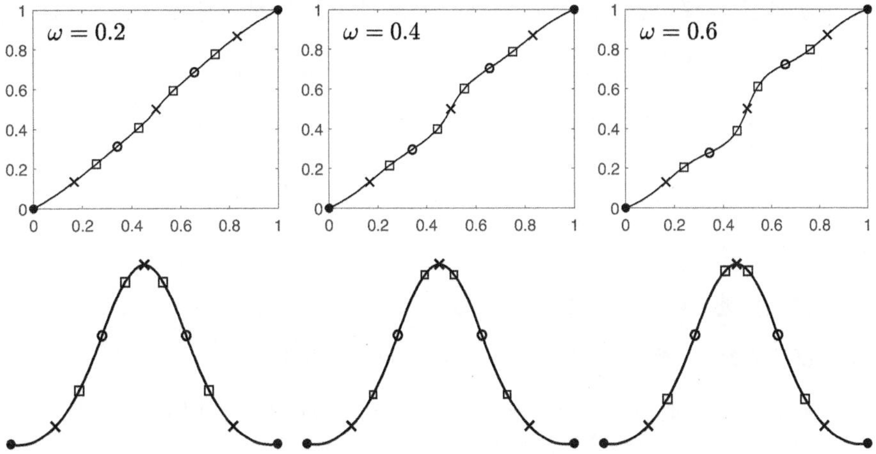

图 4.4　权重对辅助点选取的影响

针对权重 ω 的取值，大量的实验数据都表明，无法指定一个可适用于任意曲线形状的固定值，在有些情形下还需要稍微调整权重的值。同时，基于实验数据，给出如下建议：如果曲线的曲率分布比较平缓，那么使用较大的值；否则，使用较小的值。另外，也可先默认设置为 $\omega = 0.1$，然后再根据曲线的实际形状和复杂程度，借助适当的人工交互，通过调整权重值以逐步改善采样结果。由于权重只对辅助点的选取有一定的影响，实际上不会影响到对形状非常关键的特征点，这样的人工交互只能说是对采样结果进行适当的微调，并且很快就能完成。

对于一条曲线来说，所需采样点的总数通常是未知的或者无法提前估计，所以需要提出自适应的曲线采样方法。首先，用第 4.2 节的方法生成曲线上的特征点序列$\{\boldsymbol{R}(\bar{t}_i)\}_{i=0}^m$;然后,在这些特征点的基础上,通过自适应的方式迭代生成更多采样点。

对于曲线$\boldsymbol{R}(t)=(x(t),y(t)),\ t\in[a,b]$,考虑该曲线上从$\boldsymbol{R}(t_i)$到$\boldsymbol{R}(t_{i+1})$的一段子曲线$\boldsymbol{R}_i(t)=\boldsymbol{R}(t),\ t\in[t_i,t_{i+1}]$,定义这段子曲线与从$\boldsymbol{R}(t_i)$到$\boldsymbol{R}(t_{i+1})$的直线段$\boldsymbol{L}_i=\mathrm{Line}(\boldsymbol{R}(t_i),\ \boldsymbol{R}(t_{i+1}))$之间的距离为

$$\mathrm{dist}(\boldsymbol{R}_i,\boldsymbol{L}_i)=\max_{t\in[t_i,t_{i+1}]}\mathrm{dist}(\boldsymbol{R}_i(t),\boldsymbol{L}_i). \tag{4.6}$$

在每次迭代过程中,自适应采样挑选距离最大的一段子曲线,并在其内部根据特征函数选取一个新的采样点,把这段子曲线一分为二。依此下去,直到所有子曲线与直线段之间的距离都小于某一给定值,例如

$$\max_i\ \{\mathrm{dist}(\boldsymbol{R}_i,\boldsymbol{L}_i)\}<\varepsilon\int_a^b\|\boldsymbol{R}'(t)\|\mathrm{d}t. \tag{4.7}$$

这里,ε表示距离阈值。

综上所述,自适应采样的算法总结如下。

算法4.2 二维曲线基于特征识别的自适应采样

输入 二维曲线$\boldsymbol{R}(t)=(x(t),y(t)),\ t\in[a,b]$,特征点序列$\{\boldsymbol{R}(\bar{t}_i)\}_{i=0}^m$。

输出 采样点序列$\{\boldsymbol{R}(t_i)\}_{i=0}^N$。

Step1(初始化) 令$N=m$,取特征点序列为当前采样点序列,记为$\{\boldsymbol{R}(t_i)\}_{i=0}^N$。

Step2 定义二维曲线的特征函数$\lambda(t),\ t\in[a,b]$,见公式(4.4)。根据公式(4.6)找到距离最大的一段子曲线$\boldsymbol{R}_i(t)=\boldsymbol{R}(t),\ t\in[t_i,t_{i+1}]$,然后根据特征函数在这段子曲线上找到一个新的采样点$\boldsymbol{R}(t_{N+1})$,使满足$\lambda(t_{N+1})=0.5\big(\lambda(t_i)+\lambda(t_{i+1})\big)$。

Step3 令$N=N+1$,更新当前采样点序列为$\{\boldsymbol{R}(t_i)\}_{i=0}^N$,其中参数$\{t_i\}_{i=0}^N$总是保持递增排序。重复执行Step2,直至满足终止条件(4.7)。

4.4　二维曲线数据的形状重构

对于一条二维曲线 $\boldsymbol{R}(t)=(x(t), y(t)),\ t \in [a, b]$，先通过算法 4.1 获得采样数据 $\{\boldsymbol{R}(t_i)\}_{i=0}^{N}$。然后，使用加权 PIA 方法（详见第三章）生成插值所有采样点的 B 样条曲线

$$\boldsymbol{P}(t)=\sum_{i=0}^{n} N_{i,k}(t)\boldsymbol{p}_i, \quad t \in [a, b],$$

其中 $\boldsymbol{p}_i \in \mathbb{R}^2$ 是 B 样条曲线的控制顶点。这样就可把任何参数曲线都转化为 B 样条曲线的形式，以满足 CAD 系统的要求。

下面将通过一些例子来说明不同采样方法的优缺点。用于比较的方法有如下四个：

（1）二维曲线基于特征识别的非均匀采样方法（nonuniform sampling with feature recognition，简称 NSFR），这是第 4.3 节提出的方法；

（2）均匀参数采样方法（uniform sampling in parameter，简称 USP），这是参考文献[37]中的方法；

（3）均匀弧长采样方法（uniform sampling in arc length，简称 USL），这是参考文献[39]中的方法；

（4）基于弧长和曲率平均的均匀采样方法（uniform sampling in the average of arc length and curvature，简称 USL+C），这是参考文献[40]中的方法。

三个用于比较的二维曲线数据为：

$$\begin{cases} x(t)=3t^6+t^5-2t^4+38t^3-5t^2-14t, \\ y(t)=t^6-12t^5-2t^4+2t^3-7t^2+13t, \end{cases} \quad t \in [-1, 1], \tag{4.8}$$

$$\begin{cases} x(t)=-26t^4+64t^3-52t^2+16t-1, \\ y(t)=-\dfrac{112}{3}t^4+\dfrac{224}{3}t^3-48t^2+\dfrac{32}{3}t, \end{cases} \quad t \in [0, 1], \tag{4.9}$$

$$\begin{cases} x(t) = 3t^2 + \ln(5t^4 + 2) + \sin 2t, \\ y(t) = 2t^7 + 3e^{t^2 - 1} + \cos 0.2t, \end{cases} \quad t \in [-1, 1]. \tag{4.10}$$

图 4.5 给出它们的形状图，以及图 4.6 是相应的曲率图。在这三个曲率图中，都存在比较陡峭的峰点或谷点，所在位置的参数值大约是 0.42，0.53 和 -0.25。因此，曲率的急剧变化给形状重构造成较大的困难，尤其是在峰点或谷点所在的附近区域。

（a）曲线(4.8)　（b）曲线(4.9)　（c）曲线(4.10)

图 4.5　二维曲线数据

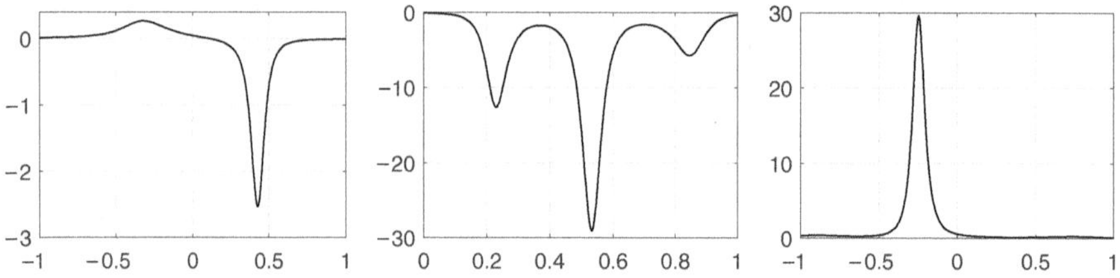

（a）曲线(4.8)　（b）曲线(4.9)　（c）曲线(4.10)

图 4.6　二维曲线数据的曲率图

图 4.7—图 4.9 是四个方法的对比结果。在图中，第一行是二维曲线的特征函数，第二行是采样点和 B 样条拟合曲线。均匀采样方法都是根据特征函数的值等分进行采样，这在特征函数图上可看到采样点对应纵坐标轴上的投影都是均匀分布的；跟它们不同，NSFR 方法在特征函数图上却是非均匀分布的。

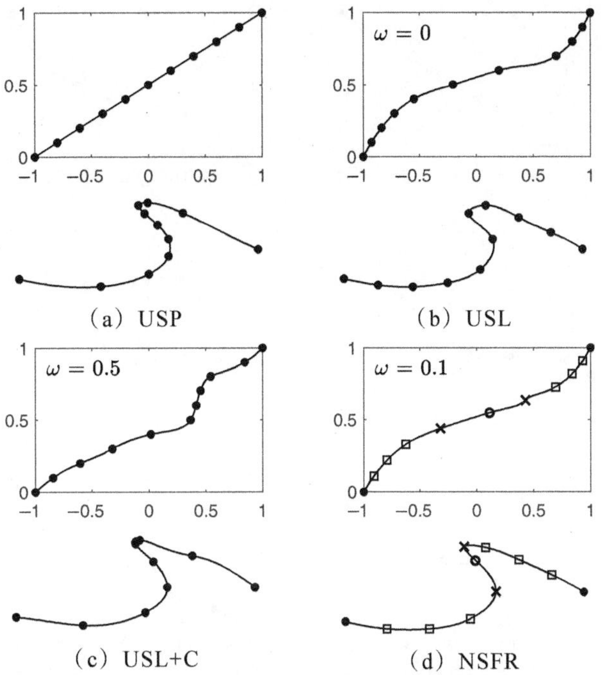

图4.7　曲线(4.8)的采样结果和三次B样条拟合曲线

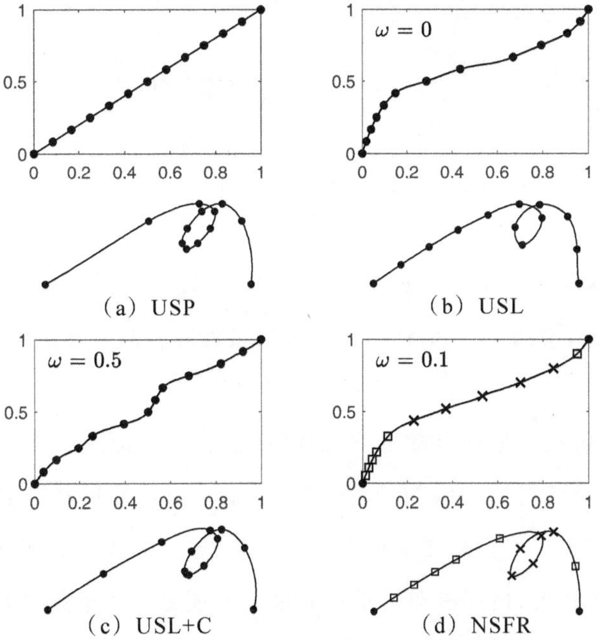

图4.8　曲线(4.9)的采样结果和三次B样条拟合曲线

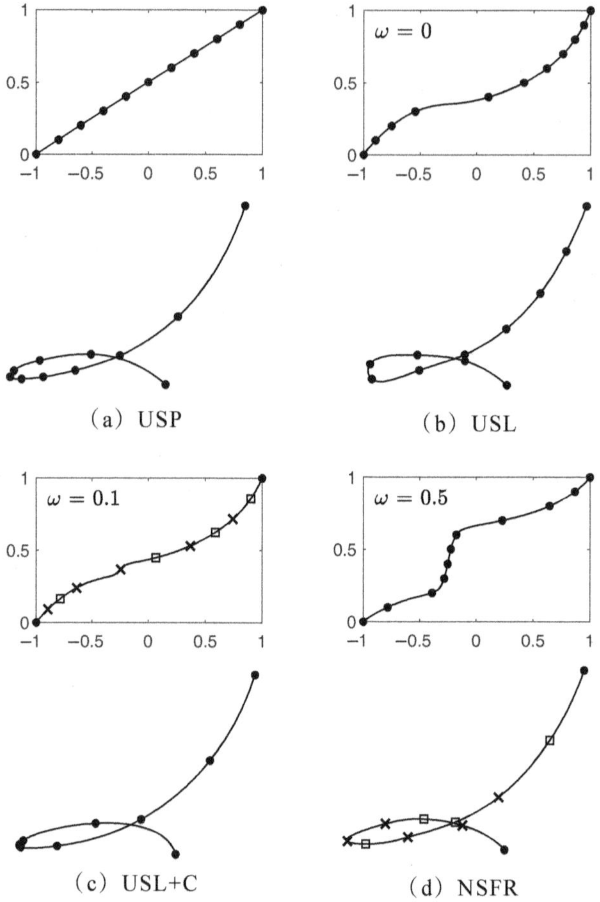

图4.9　曲线(4.10)的采样结果和三次B样条拟合曲线

下面将从两个方面对这四个方法所得结果进行更深入的分析:(1)相同采样点数量下的重构效果;(2)重构效果接近时所需采样点的最少个数。具体情况如下:

首先,分析相同采样点数量下的重构效果。对比图4.7—图4.9中的结果可知,USP方法与原曲线的偏离较大,导致重构效果较差。由于USL法在曲线上曲率值较大区域的采样点过于稀疏,导致曲线上的部分区域与原曲线的偏离比较大,所以有时候重构效果会不理想。由于曲率的急剧变化(见图4.6),USL+C方法在高曲率附近区域容易出现过采样的问题,主要原因在于没有做到特征识别，另外部分原因是特征函数中使用了固定的权重（$\omega=0.5$），这显然不会适用于所有的例子；虽然进一步修改权重值的确可以稍微缓解过采样的现象，但是仍然无法达到NSFR方法那样的效果。由于NSFR方法能够做到特征识别，总体来说效果是最好的。因此，NSFR方法对二维曲线的形状重构问题具有较为明显的优势。

然后，分析重构效果接近时所需采样点的最少个数。为了达到效果比较接近的重构结果，不同方法所需采样点的最少个数有着明显的差别。对于曲线(4.9)，为了达到接近于图4.8(c)的重构效果，USP、USL和USL+C这三个均匀采样方法需要增加很多的采样点后才能实现，结果见图4.10；对于另外两条曲线，结果是非常相似的，这里未做展示。在图4.10中，采样点在曲线上的分布是非常不均衡的。对比图4.8和图4.10可知，四个方法所需采样点的最少个数大不相同，NSFR方法只需要非常少的采样点就可达到其他三个方法在更多采样点的情况下才能获得的重构效果。另外需要特别注意的是，均匀采样方法在改变采样点数量后，必须重新计算所有的采样点，因而都不是自适应的，这在实际应用时其实是很不方便的。

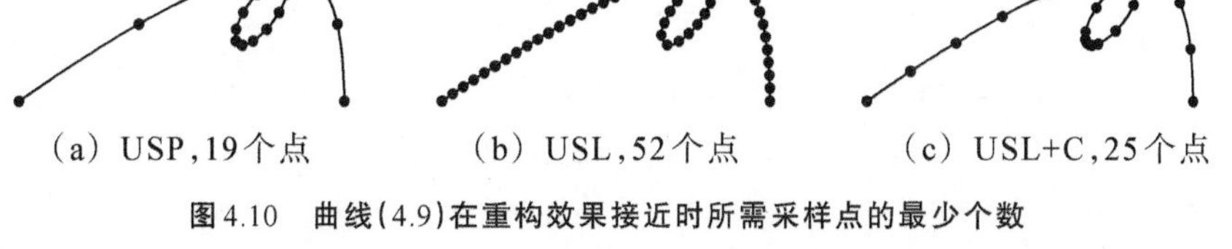

（a）USP，19个点　（b）USL，52个点　（c）USL+C，25个点

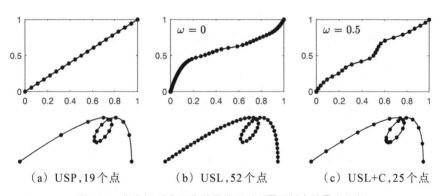

图4.10　曲线(4.9)在重构效果接近时所需采样点的最少个数

NSFR方法也可用于连续曲线的离散化问题，也即连续曲线的多边形逼近问题。考虑利萨茹（Lissajous）曲线和外旋轮线（Epitrochoid），其参数方程分别为

$$\begin{cases} x(t) = \sin t, \\ y(t) = \sin 1.5t, \end{cases} \quad t \in [0, 4\pi],$$

$$\begin{cases} x(t) = 6\cos t - 3\cos 6t, \\ y(t) = 6\sin t - 3\sin 6t, \end{cases} \quad t \in [-\pi, \pi].$$

图 4.11 和图 4.12 为这两条曲线的离散结果。仅在图 4.11(a)和图 4.12(a)中用灰色实线显示它们的形状,在其他图中因距离太接近而未显示。随着采样点数量的增加,采样点表示的多边形跟原来的曲线越来越接近,其实在图 4.11(c)和图 4.12(c)中已经是非常接近了。在增加采样点数量后,之前所有的采样点都保持不变,因而是自适应的。

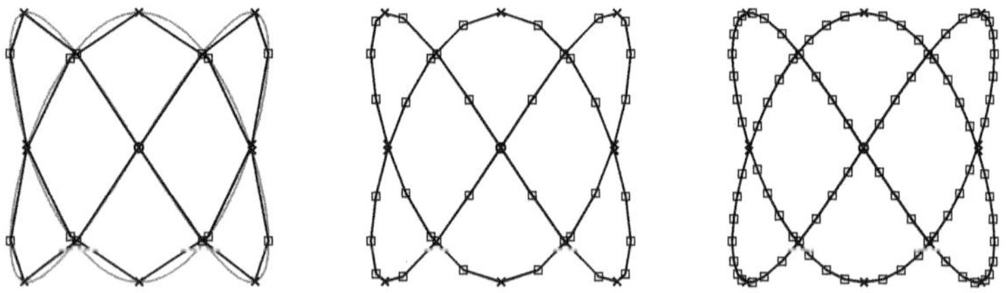

(a) 25个点　　(b) 49个点　　(c) 97个点

图 4.11　利萨茹曲线的离散结果

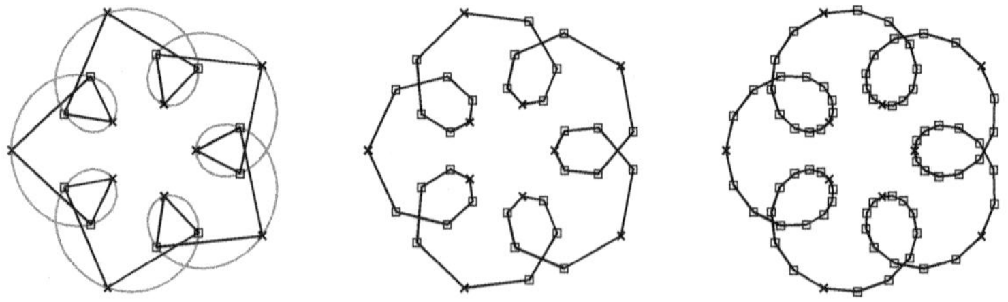

(a) 21个点　　(b) 41个点　　(c) 81个点

图 4.12　外旋轮线的离散结果

4.5　本章小结

本章研究了二维曲线数据的采样问题,提出基于特征识别的高质量采样方法,并用于曲线数据的形状重构。将采样点分成特征点和辅助点两部分,获得曲线上具有代表性的采样点。对于参数曲线而言,采样点选取对形状重构起到至关重要的作用。传统的均匀采样方法虽然比较容易实现,但是往往会忽略对形状有关键影响的特征点,导致后续的重构效果不佳。总体而言,基于特征识别的新思想在高质量采样问题上具有明显的优势,这在许多对比实例和应用问题中得到充分体现。

在特征识别阶段,提出使用抛物线插值法来识别二维曲线数据上所有的特征点,虽然结果只能说是近似的,但是具有简单高效的优点。希望以后能够提出改进,进一步提高近似解的精度。构造了基于弧长和曲率加权组合的特征函数,通过特征函数自适应地选取更多的辅助点,从而获得给定数量的采样点。根据实际需要,通过调整特征函数中的权重值,为辅助点选取提供更大的灵活性和可控性。最后,使用加权PIA方法重构插值所有采样数据的B样条曲线。大量对比实例表明,该方法在采样质量、效率和适用性方面具有很大的优势。

此外,采样质量对曲线的离散化问题也有较大的影响。尤其是离散数据应包含绝大多数的特征点,否则曲线轮廓会存在较大的失真。其实,如果离散数据中包含了绝大多数特征点的话,那么只需少量辅助点就能形成比较完美的曲线轮廓。因而,基于特征识别的离散方法在这类应用问题中具有广阔的应用前景。

第五章　三维曲线数据的特征识别与形状重构

三维曲线数据常用于构造复杂的几何形体，一直是CAD和相关领域的重要研究问题。对于一系列数据点，为生成高质量的B样条拟合结果，需要考虑节点向量、参数化和拟合误差等诸多因素对数据拟合的影响[1]。针对非多项式曲线的B样条转化，曲线上的采样数据对形状重构起到至关重要的作用，往往影响着曲线的拟合精度。例如，高质量的形状重构方法应能够很好地拟合曲线上的特征点，从而抓住几何形体的轮廓特征。如果缺失了那些特征点，那么在后续B样条拟合时将很难再现几何形体原来的轮廓特征。

当前主流的均匀采样方法都是通过某一几何量等分来确定曲线上一定数量的采样点。例如，曲线绘制和许多应用问题中通常用参数等分或弧长等分来获得采样数据[37—40]。均匀参数采样方法按照参数等分计算对应于曲线上的点，具有方法简单和容易实现的特点。然而，均匀参数采样不考虑曲线的实际形状，在许多情况下会产生质量不高的采样数据，最终导致不理想的B 样条拟合曲线。尽管弧长等分须借助数值积分，但采样点在曲线上呈等距分布，因此总体来说是一种比较满意的做法。Hernández-Mederos和Estrada-Sarlabous[39]定义特征函数为弧长和曲率平方的加权组合，提出在曲线相对平缓区域选取较少采样点，而较多的采样点集中在高曲率附近区域。由于曲率平方在特征函数中所占比重过大,该方法在曲线的高曲率附近区域很容易出现过采样的问题。Pagani和Scott[40]修改特征函数为弧长和曲率的平均组合,以缓和过采样问题。2020年,凌海雅等[90]提出用弧长、曲率和挠率的加权组合定义特征函数,通过调整特征函数中的两个权重对参考文献[40]方法做出较大改进。但是该方法缺少权重值的选择机制,因此不可避免地要考虑曲线的实际形状,而且涉及较多烦琐的交互修改。另外,对于三维曲线来说,需要综合分析曲率和挠率对曲线形状的共同影响。

均匀采样方法的明显弊端是未考虑对曲线形状有关键影响的特征点,采样结果往往受采样点数量的影响而具有较大的随机性。如果能够精准识别几何形体上所有的特征点,那么只需稍微增加一些辅助点就能取得非常满意的采样结果,同时采样点数量的变化对采样数据表示的曲线轮廓也不会有太大的改变。

自适应采样方法不限定采样点的总数,根据某一距离或误差函数自适应地选取采样点。在每次迭代过程中,优先选取具有代表性的点(如拐点和曲率极值点),而尽量少选取曲线上相对平缓区域内的点,以更好地反映曲线的形状特征。

第四章讨论了二维曲线基于特征识别的高质量非均匀采样,展示了仅用少量采样点也能获得高质量的采样结果和B样条拟合曲线。此外,针对二维离散数据点集的B样条拟合,Li等[41]以及Park和Lee[42]利用占优点在高质量拟合时的作用,取得比传统方法更高质量的拟合结果。然而,这些方法都不适用于三维曲线的采样问题。

相比于第四章中二维曲线的情形,三维曲线需要考虑更多的内在几何量。众所周知,一条三维曲线的几何形状完全由它的曲率函数和挠率函数所决定,那么在曲线采样时就必须考虑这二者的共同影响。对于三维曲线数据来说,除了曲率外还需要分析挠率,从而得到曲线上关键的特征点。到目前为止,很少有学者研究挠率因素在高质量采样时的影响。

本章将聚焦于三维曲线数据，提出三维曲线基于特征识别的高质量非均匀采样方法。利用特征识别在三维曲线采样时的重要作用，使用对特征识别起到关键影响的曲率极大值点和挠率极大值点作为曲线特征点[94]，提出相应的特征识别方法，进而从源头上提高三维曲线的B样条重构效果。尤其是首次引入挠率极大值点作为三维曲线特征点的组成部分，这有别于第四章中二维曲线的情形。

首先，使用参数域等分加细法和抛物线插值法得到三维曲线上所有特征点的近似位置，并且过滤掉那些值相对较小的极大值点后产生特征点序列。然后，定义特征函数为弧长、曲率和挠率的加权组合，并以此自适应地选取曲线上的辅助点。最后，用加权PIA方法[66]获得插值所有采样点的三次B样条曲线，作为原曲线的重构曲线。对比实例表明新方法能够获得更高质量的采样结果，并进一步改善三维曲线的B样条重构效果。主要创新点在以下几个方面：借助参数域等分加细法和抛物线插值法，提出确定特征点位置的近似方法；构造基于弧长、曲率和挠率加权组合的特征函数，为辅助点选取提供更多的自由度；提出三维曲线基于特征识别的采样方法，为参数曲线的B样条转化提供新的方法。

5.1　三维曲线的曲率与挠率分布

一条三维参数曲线定义为

$$\boldsymbol{R}(t)=(x(t),y(t),z(t)),\quad t\in[a,b]. \tag{5.1}$$

通常约定曲线是**正则**的，即满足

$$\boldsymbol{R}'(t)=(x'(t),y'(t),z'(t))\neq\boldsymbol{0},\quad \forall t\in[a,b].$$

如果$z(t)\equiv 0$，那么它就退化为一条二维曲线。为了定义曲线的曲率函数和挠率函数，还需要假设它至少是三阶可导的。曲率和挠率是三维曲线最基本的内在几何量，它们不依赖于曲线的参数化，并且共同决定了曲线的形状[94]。下面简单推导曲率和挠率的函数表达式。

令$\sigma(t)=\|\boldsymbol{R}'(t)\|$表示切向量的长度，$\boldsymbol{T}(t)$是切向量$\boldsymbol{R}'(t)$的单位向量，

$$\sigma(t)=\sqrt{(x'(t))^2+(y'(t))^2+(z'(t))^2},\quad \boldsymbol{T}(t)=\frac{(x'(t),y'(t),z'(t))}{\sigma(t)}.$$

显然，$\boldsymbol{R}'(t)=\sigma(t)\boldsymbol{T}(t)$，$\boldsymbol{T}(t)\cdot\boldsymbol{T}'(t)\equiv 0$。记$\boldsymbol{N}(t)$为向量$\boldsymbol{T}'(t)$的单位向量，以及记$\boldsymbol{T}'(t)=\sigma(t)\kappa(t)\boldsymbol{N}(t)$。将$\boldsymbol{T}'(t)$代入$\boldsymbol{R}''(t)=(\sigma(t)\boldsymbol{T}(t))'=\sigma'(t)\boldsymbol{T}(t)+\sigma(t)\boldsymbol{T}'(t)$后，再在等式的两边分别跟$\boldsymbol{R}'(t)$做向量积，可得$\boldsymbol{R}'(t)\times\boldsymbol{R}''(t)=\sigma^3(t)\kappa(t)\boldsymbol{B}(t)$，其中

$$\boldsymbol{B}(t)=\boldsymbol{T}(t)\times\boldsymbol{N}(t)=\frac{\boldsymbol{R}'(t)\times\boldsymbol{R}''(t)}{\|\boldsymbol{R}'(t)\times\boldsymbol{R}''(t)\|}.$$

于是，曲率函数的表达式为

$$\kappa(t)=\frac{\|\boldsymbol{R}'(t)\times\boldsymbol{R}''(t)\|}{\|\boldsymbol{R}'(t)\|^3}=\sqrt{\frac{(y'z''-y''z')^2+(x'z''-x''z')^2+(x'y''-x''y')^2}{[(x')^2+(y')^2+(z')^2]^3}}. \tag{5.2}$$

向量$\boldsymbol{T}(t)$、$\boldsymbol{N}(t)$和$\boldsymbol{B}(t)$分别称为曲线的切向量、主法向量和副法向量，其计算公式为

$$\boldsymbol{T}(t)=\frac{\boldsymbol{R}'(t)}{\|\boldsymbol{R}'(t)\|},\quad \boldsymbol{N}(t)=\boldsymbol{B}(t)\times\boldsymbol{T}(t),\quad \boldsymbol{B}(t)=\frac{\boldsymbol{R}'(t)\times\boldsymbol{R}''(t)}{\|\boldsymbol{R}'(t)\times\boldsymbol{R}''(t)\|}.$$

它们是两两正交的单位向量，并且共同构成了满足右手系的Frenet标架$\{\boldsymbol{T},\boldsymbol{N},\boldsymbol{B}\}$。三维曲线$\boldsymbol{R}(t)=(x(t),y(t),z(t))$，$t\in[a,b]$的弧长函数为

$$s(t)=\int_a^t\|\boldsymbol{R}'(u)\|\mathrm{d}u=\int_a^t\sqrt{(x'(u))^2+(y'(u))^2+(z'(u))^2}\,\mathrm{d}u,\quad t\in[a,b].$$

弧长函数是严格递增的，并且满足$s(a)=0$。经过$t\to s$的参数变换后，曲线就表示为弧长参数s的形式$\boldsymbol{R}(s)=(x(s),y(s),z(s))$，满足$\|\dot{\boldsymbol{R}}(s)\|\equiv 1$。反之，如果满足$\|\boldsymbol{R}'(t)\|\equiv 1$，$\forall t\in[a,b]$，那么曲线$\boldsymbol{R}(t)$的参数本身就是弧长参数。在弧长参数表示下曲线$\boldsymbol{R}(s)$的几何量可简单计算，例如，$\kappa(s)=\|\ddot{\boldsymbol{R}}(s)\|$，三个单位向量计算为

$$\boldsymbol{T}(s)=\dot{\boldsymbol{R}}(s),\quad \boldsymbol{N}(s)=\frac{\ddot{\boldsymbol{R}}(s)}{\|\ddot{\boldsymbol{R}}(s)\|},\quad \boldsymbol{B}(s)=\boldsymbol{T}(s)\times\boldsymbol{N}(s).$$

因为$\boldsymbol{N}(t)\cdot\boldsymbol{N}'(t)\equiv 0$，所以$\boldsymbol{N}'(t)$垂直于$\boldsymbol{N}(t)$，且落在$\boldsymbol{T}(t)$和$\boldsymbol{B}(t)$张成的平面上。再根据$\boldsymbol{B}'(t)=\boldsymbol{T}'(t)\times\boldsymbol{N}(t)+\boldsymbol{T}(t)\times\boldsymbol{N}'(t)=\boldsymbol{T}(t)\times\boldsymbol{N}'(t)$，所以记$\boldsymbol{B}'(t)=\sigma(t)\tau(t)\boldsymbol{T}(t)\times\boldsymbol{B}(t)=-\sigma(t)\tau(t)\boldsymbol{N}(t)$。从公式(5.2)和$\boldsymbol{B}(t)=\boldsymbol{T}(t)\times\boldsymbol{N}(t)$，可得$\boldsymbol{R}'(t)\times\boldsymbol{R}''(t)=\sigma^3(t)\kappa(t)\boldsymbol{B}(t)$，然后对它两边求导后，得$\boldsymbol{R}'(t)\times\boldsymbol{R}'''(t)=3\sigma^2(t)\sigma'(t)\kappa(t)\boldsymbol{B}(t)+\sigma^3(t)\kappa'(t)\boldsymbol{B}(t)-\sigma^4(t)\kappa(t)\tau(t)N(t)$. 再对上述公式的两边分别跟$\boldsymbol{R}''(t)=\sigma'(t)\boldsymbol{T}(t)+\sigma(t)\boldsymbol{T}'(t)=\sigma'(t)\boldsymbol{T}(t)+\sigma^2(t)\kappa(t)\boldsymbol{N}(t)$做内积，得到$[\boldsymbol{R}'(t)\times\boldsymbol{R}'''(t)]\cdot\boldsymbol{R}''(t)=-\sigma^6(t)\kappa^2(t)\tau(t)$。最后，化简后得到挠率函数的表达式

$$\tau(t)=\frac{[\boldsymbol{R}'(t)\times\boldsymbol{R}''(t)]\cdot\boldsymbol{R}'''(t)}{\|\boldsymbol{R}'(t)\times\boldsymbol{R}''(t)\|^2}=\frac{\begin{vmatrix}x' & y' & z'\\ x'' & y'' & z''\\ x''' & y''' & z'''\end{vmatrix}}{(y'z''-y''z')^2+(x'z''-x''z')^2+(x'y''-x''y')^2}. \tag{5.3}$$

从公式(5.2)可知，三维曲线的曲率总是非负的，这不同于二维曲线的曲率。曲率反映了曲线的弯曲程度，而挠率反映了曲线的扭曲程度。对于二维曲线来说，挠率总是恒等于零，即不存在扭曲现象。

在弧长参数表示时，单位向量$\{\boldsymbol{T}(s),\ \boldsymbol{N}(s),\ \boldsymbol{B}(s)\}$满足著名的Frenet-Serret公式[94]：

$$\frac{\mathrm{d}\boldsymbol{T}}{\mathrm{d}s}=\kappa\boldsymbol{N},\quad \frac{\mathrm{d}\boldsymbol{N}}{\mathrm{d}s}=-\kappa\boldsymbol{T}+\tau\boldsymbol{B},\quad \frac{\mathrm{d}\boldsymbol{B}}{\mathrm{d}s}=-\tau\boldsymbol{N}.$$

它描述了曲线的切向量、主法向量和副法向量之间的关系。

在三维曲线设计时，除了考虑几何形状外，更要关注曲线内在的曲率分布和挠率分布。常见做法是作出曲率函数$\kappa(t),\ t\in[a,b]$的图形和挠率函数$\tau(t),\ t\in[a,b]$的图形，即**曲率图**和**挠率图**。从它们的图形上，可以探讨拐点、曲率极值点和挠率极值点的寻找方法。跟二维曲线一样，重新参数化会改变曲率和挠率的分布，尽管曲线的形状总是保持不变。由于三维曲线通常存在视角和投影的问题，不建议使用类似于二维曲线的曲率梳或挠率梳，因为从曲率梳上，很难发现极值点。如果一条复杂曲线是由多段

曲线经光滑拼接而成的，那么把多个曲率图或挠率图合成一个的时候，会涉及平移和缩放的参数变换。

图 5.1 显示了一条五次 Bézier 曲线的曲率图和挠率图。从图上很容易看到极值点大概出现在什么位置，而要做的是如何确定所在位置的参数值。

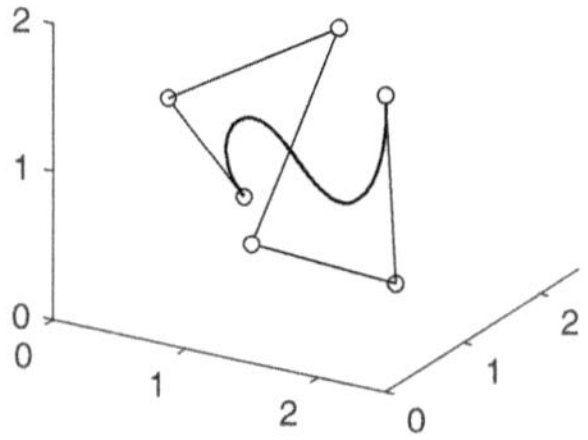

（a）曲线图

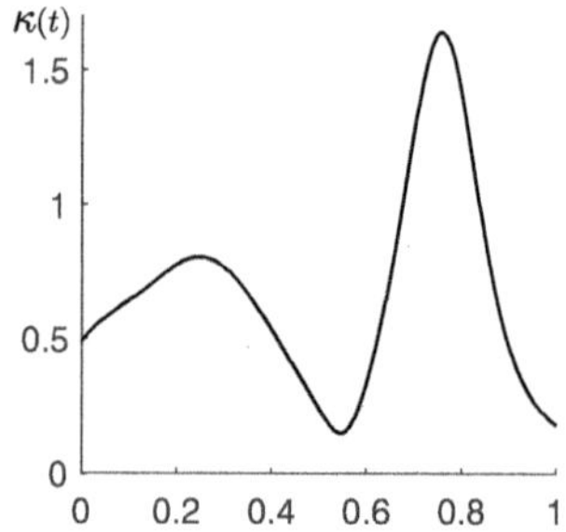

（b）曲率图

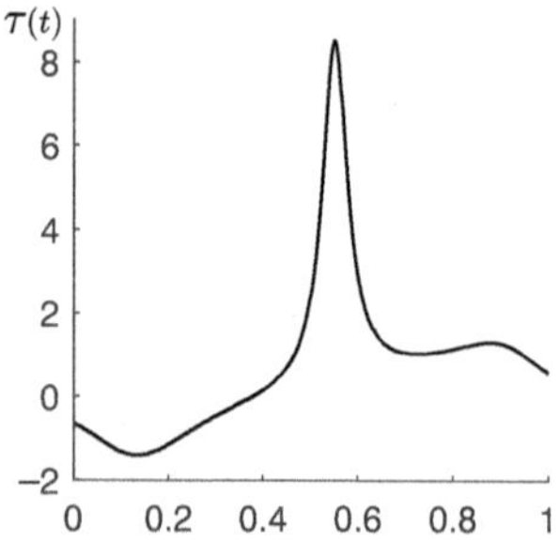

（c）挠率图

图 5.1　三维曲线的曲率分布与挠率分布

5.2　三维曲线数据的均匀采样

对于一条正则的三维曲线$\boldsymbol{R}(t)=(x(t),y(t),z(t))$, $t\in[a,b]$,均匀采样是指在曲线上选取$N+1$个采样点$\{\boldsymbol{R}(t_i)\}_{i=0}^{N}$,$a=t_0<t_1<\cdots<t_N=b$,使得任何两个相邻采样点之间的某个几何量都相等。

为取得代表性的采样点,必须综合考虑曲率和挠率对曲线形状的共同影响。为此,定义曲线$\boldsymbol{R}(t)$, $t\in[a,b]$的特征函数为

$$\lambda(t)=(1-\omega_1-\omega_2)\frac{L(t)}{L(b)}+\omega_1\frac{K(t)}{K(b)}+\omega_2\frac{T(t)}{T(b)},\quad t\in[a,b],\tag{5.4}$$

其中

$$L(t)=\int_a^t\|\boldsymbol{R}'(u)\|\mathrm{d}u,\quad K(t)=\int_a^t\kappa(u)\,\mathrm{d}u,\quad T(t)=\int_a^t|\tau(u)|\mathrm{d}u,$$

以及曲率和挠率分别由公式(5.2)和(5.3)给出。特征函数中包含两个可调整的权重$\omega_1,\omega_2\geqslant 0$,满足$\omega_1+\omega_2<1$。在必要时可通过调整权重值得到更合适的辅助点。特征函数$\lambda(t)\in[0,1]$总是单调递增的,且满足$\lambda(a)=0$和$\lambda(b)=1$。

由于任何两个相邻采样点($\boldsymbol{R}(t_i)$和$\boldsymbol{R}(t_{i+1})$)之间的特征量都相等,需要确定参数t_i的值,使得

$$\lambda(t_{i+1})-\lambda(t_i)=\frac{1}{N},\quad i=0,1,\cdots,N-1.$$

或者等价地

$$\lambda(t_i)=\frac{i}{N},\quad i=0,1,\cdots,N.$$

显然,$t_0=a$和$t_N=b$。

均匀采样的算法比较简单,叙述如下。

算法 5.1　三维曲线基于内在几何量的均匀采样

输入　三维曲线$\boldsymbol{R}(t)=(x(t),y(t),z(t))$, $t\in[a,b]$,权重ω_1,ω_2,采样点

数量$N+1$。

输出　采样点序列$\{\boldsymbol{R}(t_i)\}_{i=0}^{N}$。

Step1　定义三维曲线的特征函数$\lambda(t),\ t\in[a,b]$，见公式(5.4)。

Step2　对每个$i\in\{0,1,\cdots,N\}$，使用数值积分法确定参数t_i的值，使满足$\lambda(t_i)=i/N$，得到采样点$\boldsymbol{R}(t_i)$。

由于采样点总数通常是未知的或者无法提前估计，所以提出自适应的曲线采样方法。首先，通过均匀采样方法得到N_1+1个采样点$\{\boldsymbol{R}(t_i)\}_{i=0}^{N_1}$，$N_1$可取为较小的固定值（如$N_1=10$）；然后，在这些采样点的基础上通过自适应的方式迭代产生更多的采样点。

考虑曲线$\boldsymbol{R}(t)$上的一段子曲线$\boldsymbol{R}_i(t)=\boldsymbol{R}(t),\ t\in[t_i,t_{i+1}]$，以及从$\boldsymbol{R}(t_i)$到$\boldsymbol{R}(t_{i+1})$的直线段$\boldsymbol{L}_i=\mathrm{Line}(\boldsymbol{R}(t_i),\ \boldsymbol{R}(t_{i+1}))$，定义这段子曲线与直线段的距离为

$$\mathrm{dist}(\boldsymbol{R}_i,\boldsymbol{L}_i)=\max_{t\in[t_i,t_{i+1}]}\mathrm{dist}(\boldsymbol{R}_i(t),\boldsymbol{L}_i).\tag{5.5}$$

在每次迭代过程中，自适应采样挑选距离最大的一段子曲线，并在其内部根据特征函数选取一个新的采样点，将该段子曲线一分为二。依此下去，直到所有子曲线与直线段之间的距离都小于某一给定值，即

$$\max_i\ \{\mathrm{dist}(\boldsymbol{R}_i,\boldsymbol{L}_i)\}<\varepsilon\int_a^b\|\boldsymbol{R}'(t)\|\mathrm{d}t.\tag{5.6}$$

这里，ε表示距离阈值。

综上所述，自适应采样的算法总结如下。

算法5.2　三维曲线基于内在几何量的自适应采样

输入　三维曲线$\boldsymbol{R}(t)=(x(t),y(t),z(t)),\ t\in[a,b]$，权重$\omega_1,\omega_2$，阈值$\varepsilon$。

输出　采样点序列$\{\boldsymbol{R}(t_i)\}_{i=0}^{N}$。

Step1　定义三维曲线的特征函数$\lambda(t),\ t\in[a,b]$，见公式(5.4)。

Step2　用算法5.1得到N_1+1个采样点$\{\boldsymbol{R}(t_i)\}_{i=0}^{N_1}$。令$N=N_1$，记当前采样点序列为$\{\boldsymbol{R}(t_i)\}_{i=0}^{N}$。

Step3　根据公式(5.5)找到距离最大的一段子曲线$\boldsymbol{R}_i(t)=$

$\boldsymbol{R}(t),\ t\in[t_i,t_{i+1}]$,然后根据特征函数求得这段子曲线上一个新的采样点 $\boldsymbol{R}(t_{N+1})$,使满足 $\lambda(t_{N+1})=0.5\big(\lambda(t_i)+\lambda(t_{i+1})\big)$。

Step4　令 $N=N+1$,同时将当前采样点序列更新为 $\{\boldsymbol{R}(t_i)\}_{i=0}^{N}$,其中参数 $\{t_i\}_{i=0}^{N}$ 总是保持递增排序。重复执行 Step3,直至满足终止条件(5.6)。

5.3　三维曲线数据的特征识别

对于三维曲线数据来说,特征点通常出现在曲线弯曲比较大的位置。从曲率分布图上看,曲率极大值点是曲线形状非常关键的特征点。因此,高质量采样方法必须能够识别曲线上所有的曲率极大值点。不同于曲率情形,三维曲线的挠率稍微复杂些,因为挠率值可能是正的或者负的。如果挠率值是正的,则取挠率极大值点为曲线的特征点;如果挠率值是负的,则取挠率极小值点为曲线的特征点。只需对挠率公式(5.3)加绝对值,就能统一处理这两类情况。因此,可不做具体区分,把二者都统一归为挠率极大值点。

曲率极大值点和挠率极大值点共同构成了三维曲线的特征点序列。下面仅讨论曲率极大值点的识别方法,挠率极大值点的做法是类似的,就不再赘述了。

对于一条正则的三维曲线 $\boldsymbol{R}(t)=(x(t),y(t),z(t)),\ t\in[a,b]$,曲率极大值点是曲线上曲率值局部最大的地方。当曲率函数可导时,在曲率极大值点处须满足方程 $\kappa'(t)=0$。然而,曲率公式(5.2)通常是高度非线性的,这给数值求根造成极大困难。另外,求根结果往往依赖于初值的选取,并且很难得到所有根。

使用参数域等分加细法和抛物线插值法[95]获得所有曲率极大值点的近似位置。首先,用参数域等分得到在曲线上的 $m+1$ 个点 $\{\boldsymbol{R}(\bar{t}_i)\}_{i=0}^{m}$ 和相应的曲率离散值 $\{\kappa_i:=\kappa(\bar{t}_i)\}_{i=0}^{m}$,其中

$$\bar{t}_i = a + ih,\ i = 0, 1, \cdots, m,\quad h = \frac{b-a}{m}.$$

如果$\kappa_i > \kappa_{i-1}$且$\kappa_i > \kappa_{i+1}$,那么曲线在小区间$(\bar{t}_{i-1}, \bar{t}_{i+1})$内存在一个曲率极大值点,记其为$\boldsymbol{R}(\hat{t}_i)$。设经过三个点$\{(\bar{t}_{i-1}, \kappa_{i-1}), (\bar{t}_i, \kappa_i), (\bar{t}_{i+1}, \kappa_{i+1})\}$的抛物线为$\bar{\kappa}(t) = a_2t^2 + a_1t + a_0$,并且以该抛物线近似表示原曲率函数$\kappa(t),\ t \in [\bar{t}_{i-1}, \bar{t}_{i+1}]$。从$\bar{\kappa}'(t) = 0$得到$\hat{t}_i$的近似值为

$$\hat{t}_i = -\frac{a_1}{2a_2} = \frac{(\bar{t}_i^2 - \bar{t}_{i-1}^2)(\kappa_i - \kappa_{i+1}) + (\bar{t}_{i+1}^2 - \bar{t}_i^2)(\kappa_i - \kappa_{i-1})}{2(\bar{t}_i - \bar{t}_{i-1})(\kappa_i - \kappa_{i+1}) + 2(\bar{t}_{i+1} - \bar{t}_i)(\kappa_i - \kappa_{i-1})}.$$

最后,对每个$i \in \{1, 2, \cdots, m-1\}$都执行以上操作,每次产生一个曲率极大值点$\boldsymbol{R}(\hat{t}_i)$,或者也可能不存在。现在,把所有$\boldsymbol{R}(\hat{t}_i)$根据参数$\hat{t}_i$的值对索引重新编号后,得到曲率极大值点序列$\{\boldsymbol{R}(\hat{t}_i)\}_{i=0}^M$和对应的曲率值$\{\kappa(\hat{t}_i)\}_{i=0}^M$。由于抛物线插值法的收敛阶约为$O(h^{1.32})$,只要取较大的$m$,那么对$\hat{t}_i$的近似计算是可靠的。

如何确定参数域等分时m的恰当值,才能获得曲线上所有且近似精度很高的曲率极大值点,这对形状无法量化的曲线来说是非常关键的难题。当m充分大时,曲率离散值$\{\kappa(\bar{t}_i)\}_{i=0}^m$可较好地刻画曲率$\kappa(t)$的轮廓,并达到曲率$\kappa(t)$在小区间$(\bar{t}_{i-1}, \bar{t}_{i+1})$内最多只有一个极大值的目的,但此时计算量较大。可以使用二等分加细来确定m的值,m从某一初值开始增加到原来的二倍。每次加细后用抛物线插值法重新生成曲率极大值点序列$\{\boldsymbol{R}(\hat{t}_i)\}_{i=0}^M$,加细过程的终止条件是$M$值不变以及所有参数$\hat{t}_i$的值变化都很小。这一解决方案不仅隐含着对曲线形状的考量,而且可以达到精度和计算效率的平衡。由于二等分加细的快速收敛性和抛物线插值法的高逼近精度,只需经过几次迭代就会得到稳定的结果。

在实际问题中,特征点的曲率值存在大小悬殊的情形,因此很有必要做进一步的筛选,以达到忽略一些形状相对不明显的特征点的目的。令$\kappa_{\max} = \max\{\kappa(\hat{t}_i)\}_{i=0}^M$表示曲率的最大值,$\delta > 0$为给定的阈值。如果$\kappa(\hat{t}_i) < \delta\kappa_{\max}$,则将对应的曲率极大值点$\boldsymbol{R}(\hat{t}_i)$过滤掉。取筛选后剩余的曲率极大值

点为曲线特征点。

特征识别算法总结如下。

算法 5.3　曲率极大值点的识别与筛选

输入　三维曲线 $\boldsymbol{R}(t)=(x(t),y(t),z(t)),\ t\in[a,b]$，阈值 δ。

输出　曲率极大值点序列 $\{\boldsymbol{R}(\hat{t}_i)\}_{i=0}^{M}$。

Step1　用参数域等分加细法和抛物线插值法获得所有曲率极大值点。记加细过程结束后得到的曲率极大值点序列为 $\{\boldsymbol{R}(\hat{t}_i)\}_{i=0}^{M}$，对应的曲率值为 $\{\kappa(\hat{t}_i)\}_{i=0}^{M}$。

Step2　令 $\kappa_{\max}=\max\{\kappa(\hat{t}_i)\}_{i=0}^{M}$，过滤掉那些满足 $\kappa(\hat{t}_i)<\delta\kappa_{\max}$ 的曲率极大值点 $\boldsymbol{R}(\hat{t}_i)$。

Step3　将筛选后剩余的曲率极大值点以及始末端点 $\boldsymbol{R}(a),\boldsymbol{R}(b)$ 作为曲线的特征点序列，并更新为 $\{\boldsymbol{R}(\hat{t}_i)\}_{i=0}^{M}$，其中参数满足 $a=\hat{t}_0<\hat{t}_1<\cdots<\hat{t}_M=b$。

5.4　三维曲线数据的非均匀采样

通过算法 5.3 得到特征点后，三维曲线被特征点分割成一段一段的子曲线。为了生成给定数量的曲线采样点，还需要增加一些或者较多的辅助点。

三维曲线 $\boldsymbol{R}(t),\ t\in[a,b]$ 的特征函数由公式(5.4)给出。采用渐进的方式不断增加辅助点，每次加入一个辅助点直到获得给定数量的采样点为止。借助特征函数，在所有相邻采样点之间的子曲线中挑选一段子曲线进行细分，在其内部加入一个采样点。具体算法如下。

算法 5.4　三维曲线基于特征识别的非均匀采样

输入　三维曲线 $\boldsymbol{R}(t)=(x(t),y(t),z(t)),\ t\in[a,b]$，权重 ω_1,ω_2，采样点数量 $N+1$。

输出　采样点序列$\{\boldsymbol{R}(t_i)\}_{i=0}^{N}$。

Step1　应用算法5.3得到曲线上的特征点,并取为当前采样点序列$\{\boldsymbol{R}(t_i)\}_{i=0}^{M}$。

Step2　对于每段从$\boldsymbol{R}(t_i)$到$\boldsymbol{R}(t_{i+1})$的子曲线$\boldsymbol{R}_i(t)=\boldsymbol{R}(t),\ t\in[t_i,t_{i+1}]$,计算它的特征贡献为$\mu_i=\lambda(t_{i+1})-\lambda(t_i)$。设$k$为$\{\mu_i\}_{i=0}^{M-1}$中最大值的索引。

Step3　在从$\boldsymbol{R}(t_k)$到$\boldsymbol{R}(t_{k+1})$的子曲线上确定一个辅助点$\boldsymbol{R}(t_{M+1})$,使得参数t_{M+1}满足$\lambda(t_{M+1})=0.5\big(\lambda(t_k)+\lambda(t_{k+1})\big)$。令$M=M+1$,并将当前采样点序列更新为$\{\boldsymbol{R}(t_i)\}_{i=0}^{M}$,其中参数$\{t_i\}_{i=0}^{M}$总是保持递增排序。

Step4　如果$M=N$,算法结束;否则,转至Step2。

如何确定曲线上采样点的总数,以获得高质量采样,这是目前为止仍未解决的问题,其难点在于三维曲线具有多样且无法量化的几何形状。为解决这一问题,提出估算采样点总数的启发式方法。该方法的主要思想是不断增加采样点,使采样点和曲线之间的距离越来越小,从而满足给定的精度要求。

高质量采样方法要求采样点表示的曲线轮廓能够很好地再现曲线原来的几何形状。假设$\{\boldsymbol{R}(t_i)\}_{i=0}^{N}$为当前采样点序列,那么曲线$\boldsymbol{R}(t)$上的一段子曲线$\boldsymbol{R}_i(t)=\boldsymbol{R}(t),\ t\in[t_i,t_{i+1}]$与从$\boldsymbol{R}(t_i)$到$\boldsymbol{R}(t_{i+1})$的直线段$\boldsymbol{L}_i=\mathrm{Line}(\boldsymbol{R}(t_i),\ \boldsymbol{R}(t_{i+1}))$之间的距离必须都小于某一限定值,即

$$\max_i \max_{t\in[t_i,t_{i+1}]} \mathrm{dist}(\boldsymbol{R}_i(t),\boldsymbol{L}_i)<\varepsilon D, \tag{5.7}$$

其中ε表示距离精度,以及D为三维曲线的最小包围球的直径。根据问题需要指定精度ε,例如取$\varepsilon=0.01$。

算法5.4具有自适应的优点:每次生成一个新的采样点,而之前所有的采样点都保持不变。现对算法5.4稍加修改,得到如下算法。

算法5.5　采样点总数的估算

输入　三维曲线$\boldsymbol{R}(t)=(x(t),y(t),z(t)),\ t\in[a,b]$,权重$\omega_1,\omega_2$,精度$\varepsilon$。

输出　采样点数量$N+1$。

Step1　应用算法5.3得到曲线上的特征点，并取为当前采样点序列$\{\boldsymbol{R}(t_i)\}_{i=0}^{M}$。

Step2　对于每段从$\boldsymbol{R}(t_i)$到$\boldsymbol{R}(t_{i+1})$的子曲线$\boldsymbol{R}_i(t)=\boldsymbol{R}(t),\ t\in[t_i,t_{i+1}]$，计算它的特征贡献为$\mu_i=\lambda(t_{i+1})-\lambda(t_i)$。设$k$为$\{\mu_i\}_{i=0}^{M-1}$中最大值的索引。

Step3　在从$\boldsymbol{R}(t_k)$到$\boldsymbol{R}(t_{k+1})$的子曲线上确定一个辅助点$\boldsymbol{R}(t_{M+1})$，使得参数t_{M+1}满足$\lambda(t_{M+1})=0.5\big(\lambda(t_k)+\lambda(t_{k+1})\big)$。令$M=M+1$，并将当前采样点序列更新为$\{\boldsymbol{R}(t_i)\}_{i=0}^{M}$，其中参数$\{t_i\}_{i=0}^{M}$总是保持递增排序。

Step4　如果满足条件(5.7)，那么确定采样点总数为$N+1=M+1$，采样点序列为$\{\boldsymbol{R}(t_i)\}_{i=0}^{N}$；否则，转至Step2。

5.5　三维曲线数据的形状重构

对于一条三维曲线$\boldsymbol{R}(t)=(x(t),y(t),z(t)),\ t\in[a,b]$，在得到采样数据$\{\boldsymbol{R}(t_i)\}_{i=0}^{N}$后，就可使用加权PIA方法(详见第三章)生成插值所有采样点的B样条曲线

$$\boldsymbol{P}(t)=\sum_{i=0}^{n}N_{i,k}(t)\boldsymbol{p}_i,\quad t\in[a,b],$$

其中$\boldsymbol{p}_i\in\mathbb{R}^3$是B样条曲线的控制顶点。这就可把任何参数曲线都转化为B样条曲线的形式，以满足CAD系统的要求。

下面将通过一些例子来说明不同采样方法的优缺点。用于比较的方法有如下四个：

(1)三维曲线基于特征识别的非均匀采样方法(nonuniform sampling with feature recognition，简称NSFR)，这是第5.4节提出的方法；

(2)三维曲线基于内在几何量的均匀采样方法(uniform sampling in intrinsic geometric quantity，简称USIG)，这是第5.3节提出的方法；

(3)均匀弧长采样方法(uniform sampling in arc length，简称USL)，这是参考文献[39]中的方法；

(4)基于弧长和曲率平均的均匀采样方法(uniform sampling in the average of arc length and curvature,简称USL+C),这是参考文献[40]中的方法。

三个用于比较的三维曲线数据为:

$$\begin{cases} x(t) = -26t^4 + 64t^3 - 52t^2 + 16t, \\ y(t) = -37t^4 + 74t^3 - 48t^2 + 11t \quad, \quad t \in [0, 1], \\ z(t) = t^4, \end{cases} \tag{5.8}$$

$$\begin{cases} x(t) = (2 + \cos 3t)\cos 2t, \\ y(t) = (2 + \cos 3t)\sin 3t \quad, \quad t \in [0, 2\pi], \\ z(t) = \sin 3t, \end{cases} \tag{5.9}$$

$$\begin{cases} x(t) = 3t^2 + \ln(5t^4 + 2) + \sin 2t, \\ y(t) = 2t^7 + 3e^{t^2 - 1} + \cos 0.2t, \qquad t \in [-1, 1]. \\ z(t) = 2e^{0.2t}, \end{cases} \tag{5.10}$$

它们的形状见图5.2。

(a) 曲线(5.8)　　(b) 曲线(5.9)　　(c) 曲线(5.10)

图5.2　三维曲线数据

NSFR方法在采样时首先得到特征点,以更好地抓住三维曲线的轮廓特征;其他三个均匀采样方法(USL,USL+C,USIG)都没有特征识别这个步骤,因此很容易遗漏曲线上的特征点。在获得所有采样点后,都是使用加权PIA方法生成三次B样条拟合曲线。图5.3—图5.5是四个方法的对比结果。在图中,第一行是三维曲线的特征函数,第二行是采样点和B样条拟合曲线;对于NSFR方法,曲线上的曲率极大值点和挠率极大值点分别用•

和*标示，而辅助点用■标示。均匀采样方法都是根据特征函数的值等分进行采样，这在特征函数图上可看到采样点对应纵坐标轴上的投影都是均匀分布的，而NSFR方法在特征函数图上却是非均匀分布的。

另外，USL+C方法在高曲率附近区域存在过采样的问题，如图5.5(b)所示。USIG方法必须精心挑选特征函数中的权重，才能取得比较满意结果，见图5.3(c)、图5.4(c)和图5.5(c)中所列出的权重值。事实上，为了挑选这些权重值，需要经过很长时间的交互修改和反复调试，原因在于权重值对结果的影响缺乏规律性以及均匀采样的结果具有很大的偶然性。

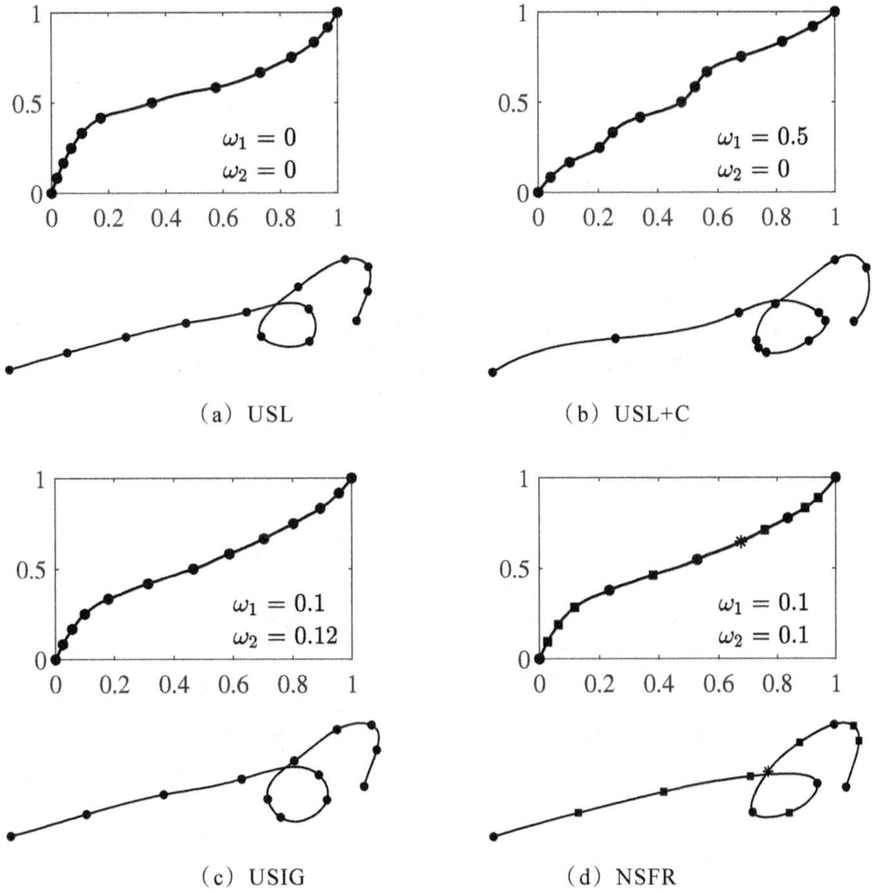

图5.3　曲线(5.8)的13个采样点和三次B样条拟合曲线

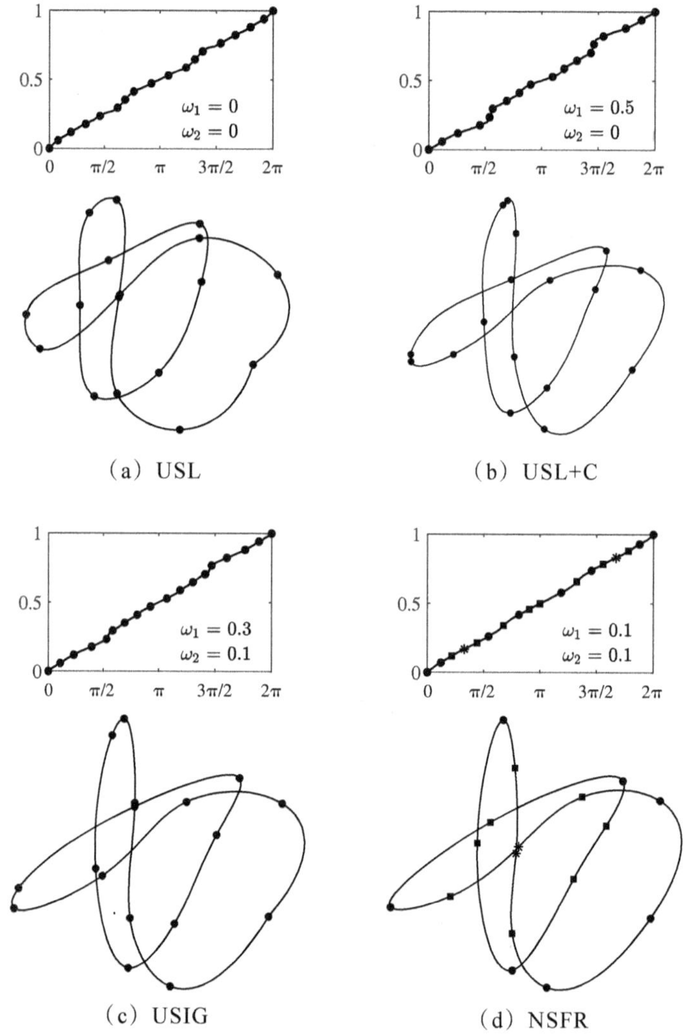

图 5.4　曲线(5.9)的 18 个采样点和三次 B 样条拟合曲线

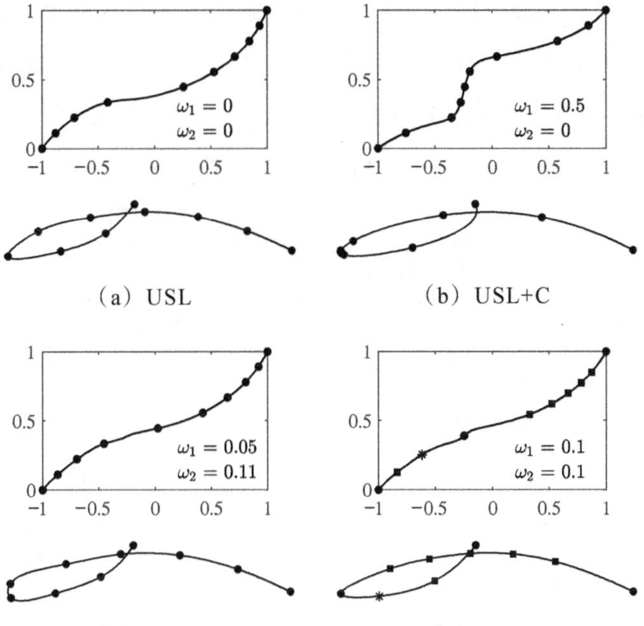

（a）USL　（b）USL+C

（c）USIG　（d）NSFR

图 5.5　曲线(5.10)的10个采样点和三次B样条拟合曲线

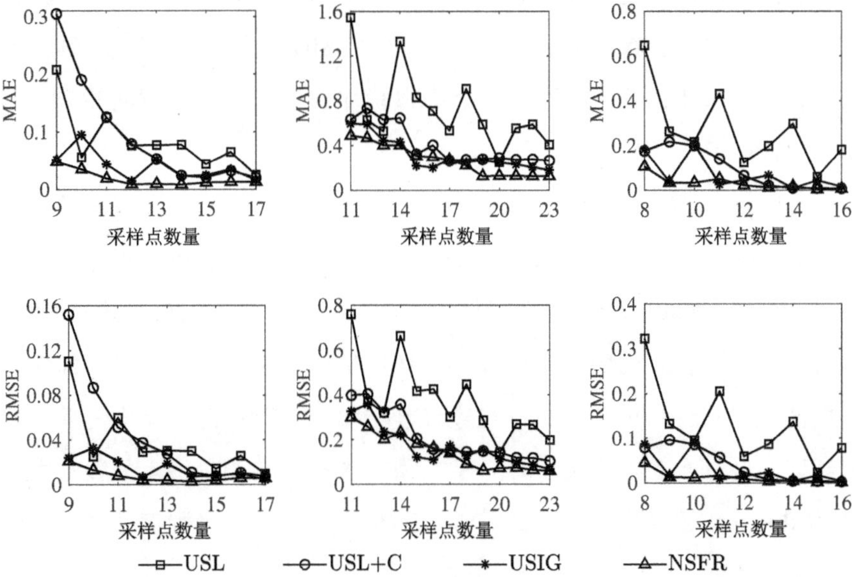

（a）曲线(5.8)　（b）曲线(5.9)　（c）曲线(5.10)

图 5.6　误差变化

为量化分析采样方法的采样质量和对原曲线的拟合精度，引入最大绝对误差（maximum absolute error，简称MAE）和均方根误差（root mean square error，简称RMSE），分别定义为

$$\mathrm{MAE} = \max_{1 \leqslant i \leqslant n} \|\boldsymbol{R}(t_i) - \boldsymbol{P}(t_i)\|,$$

$$\mathrm{RMSE} = \sqrt{\frac{1}{n}\sum_{i=1}^{n}\|\boldsymbol{R}(t_i) - \boldsymbol{P}(t_i)\|^2},$$

其中$\boldsymbol{R}(t_i)$和$\boldsymbol{P}(t_i)$分别表示在三维曲线和B样条曲线上的对应位置。对比图5.6中的误差变化，可发现：USL法的误差总体来说最大，且容易随着采样点数量的增加出现较频繁的上下波动；USIG方法的误差相对较小，但采样结果严重依赖于特征函数中的权重值，实用性较差；NSFR方法的误差总体来说最小。均匀采样方法由于总是会忽视曲线上的特征点，导致结果受采样点数量的影响较大。NSFR方法的优势在于特征识别，受采样点数量的影响最小。

现在将NSFR方法与USIG方法进行深入比较。对于曲线(5.9)，图5.7是在不同采样点数量和权重下的对比结果，以及图5.8为相应的误差变化。从图5.7可知，改变特征函数中的权重值后，USIG方法会受到显著影响，但影响缺乏规律性；另外，采样点数量从18增加到25后，USIG方法并未获得明显改善。

与此相反，NSFR方法能够做到特征识别，因此辅助点的位置和数量就没有那么的重要，同时特征函数中权重的修改对结果的影响也不会特别明显，见图5.7。NSFR方法只需要默认取$(\omega_1, \omega_2) = (0.1, 0.1)$，就可避免USIG方法须经历较长时间的交互修改。采样质量随着采样点数量的增加而稳步提高，正如在图5.6和图5.8中显示的误差逐渐减小，而不像均匀采样方法频繁地出现上下波动的现象。另外，如图5.6所示，当辅助点的数量太少时，NSFR方法的优势可能还得不到充分体现，在辅助点增加后才会逐渐体现出显著优势。

值得注意的是，在增加采样点数量后，三个均匀采样方法（USL，USL+

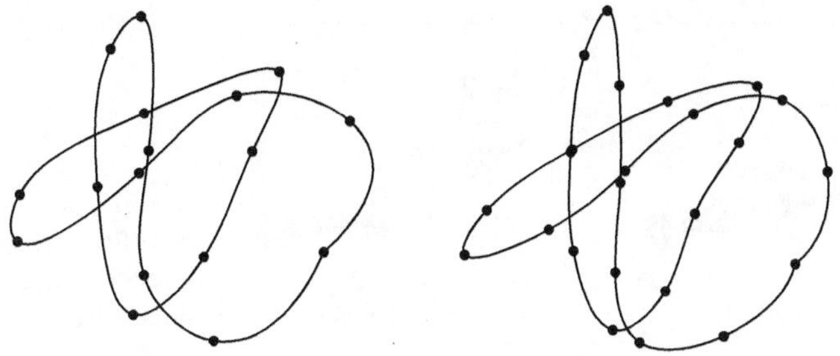

（a）$N = 18, (\omega_1, \omega_2) = (0.1, 0.1)$

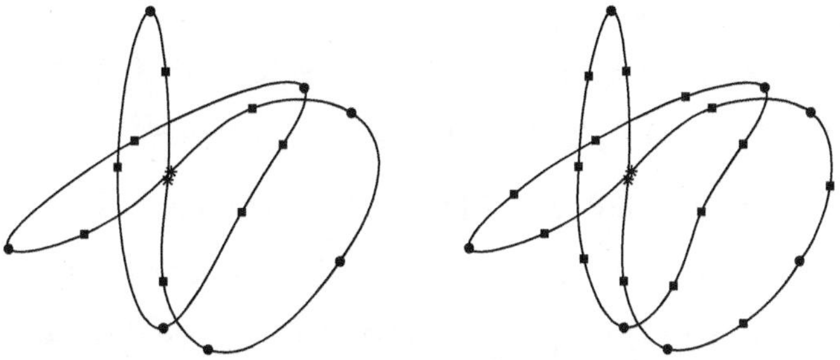

（b）$N = 18, (\omega_1, \omega_2) = (0.2, 0.2)$

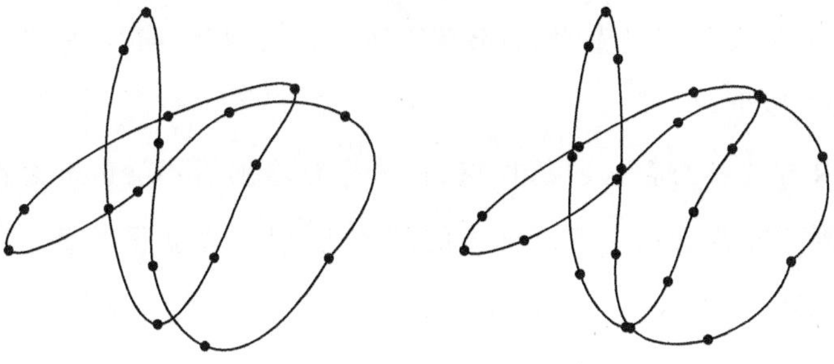

（c）$N = 25, (\omega_1, \omega_2) = (0.1, 0.1)$

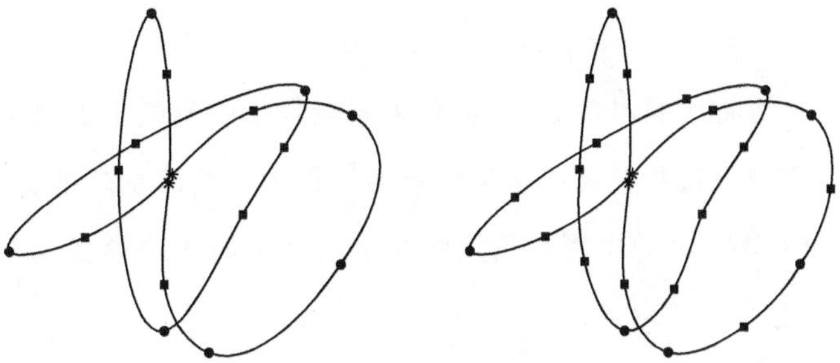

（d）$N = 25, (\omega_1, \omega_2) = (0.2, 0.2)$

图5.7　USIG方法（左）和NSFR方法（右）的更多对比结果

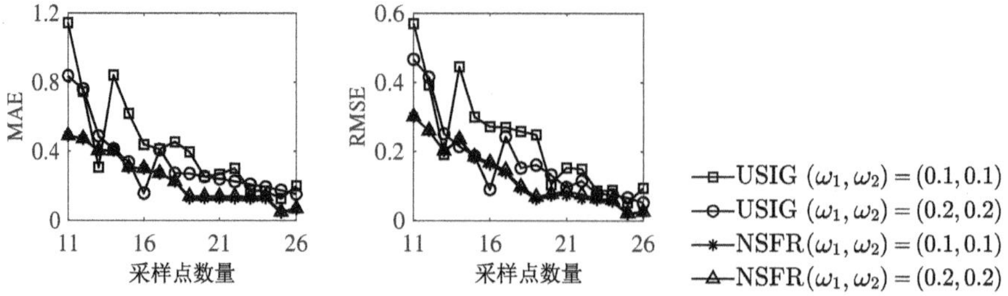

图 5.8　曲线(5.9)在不同权重下的误差变化

C,USIG)都必须重新生成所有采样点。而 NSFR 方法会保留之前所有的采样点,只需不断增加新的辅助点,因而具有自适应的优点,如图 5.7 所示。相比均匀采样方法,NSFR 方法在特征识别时需额外计算量。由于采用了参数域等分加细法和抛物线插值法,这一步骤耗时大都小于 0.1 秒,而本节中所有例子耗时 0.01 秒左右。此外,特征识别方法有时也会失败,比如当碰到曲线在某个小区域内存在过多波动的不规则形状时,就会遗漏小部分特征点。大量实验结果表明,能够获得所有且近似精度很高的特征点的成功率在 95% 以上。

NSFR 方法具有自适应的优点,在采样点增加后不会改变之前所有的采样点,因此非常适用于三维曲线的离散化问题,以获得满足给定距离精度的离散结果。考虑一条八字结(Eightknot)曲线,其定义为

$$\begin{cases} x(t) = 10\cos t + \cos 2t + 10\cos 3t + \cos 4t, \\ y(t) = 6\sin t + 10\sin 3t, \\ z(t) = 4\sin 4t - 2\sin 6t - 2\cos 6t, \end{cases} \quad t \in [0, 2\pi].$$

图 5.9 为八字结曲线的离散结果,随着采样点数量的不断增加,离散数据的近似程度不断提高,并且在新增采样点的过程中不会改变之前所有采样点的位置。仅在图 5.9(a)中用灰色实线显示八字结曲线的形状,在其他图中因距离太接近而未显示。

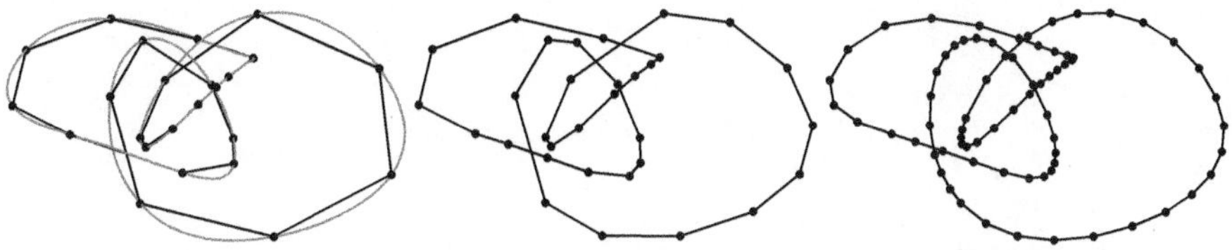

(a) $\varepsilon=0.01$,25个点　(b) $\varepsilon=0.005$,33个点　(c) $\varepsilon=0.001$,73个点

图 5.9　八字结曲线的离散结果

5.6　本章小结

针对三维曲线的采样与形状重构问题,本章提出基于特征识别的高质量非均匀采样方法,着重考虑三维曲线关键的特征点,借助特征识别获得高质量采样。提出使用参数域等分加细法和抛物线插值法来获得所有特征点的近似位置,具有计算简单高效的优点。另外,提出估算采样点总数的启发式方法。相比之前的均匀采样方法,新方法受特征函数中权重取值的影响非常小,并且误差随着采样点数量的增加而逐渐减小,因此在实际应用中更具优势。

在研究三维曲线数据的采样与离散问题时,需要考虑曲率和挠率这两个重要的内在几何量。许多文献已对曲率进行较多的探讨,而本章内容也关注挠率对形状的影响,结果表明挠率在形状重构时也同样具有不可或缺的作用。因此,在研究三维曲线的相关问题时,需要关注曲率和挠率对几何形状的共同影响,这跟二维曲线的情形有较大的差别。另外,构造了基于弧长、曲率和挠率加权组合的特征函数,更加适合于三维曲线的采样点选取。充分讨论了特征函数中的权重值对采样结果的影响。

最后,对比分析了均匀采样方法和非均匀采样方法在三维曲线数据采样时的不同之处。结果表明,基于特征识别的非均匀采样方法对几何形体的轮廓具有更好的特征保持能力,并且采样质量随着采样点数量的增加而稳步提高。

第六章　二维曲线数据基于曲率优化的形状重构

从离散的数据点集重构出连续的曲线形状是几何造型中经常碰到的构造问题，在许多领域都有广泛的应用前景。Bézier曲线和B样条曲线常用于数据重构时的曲线表示，实现从离散到连续的转化。在这方面已获得较多的研究成果[96—108]，大致可分为插值和拟合这两大类。插值构造方法考虑端点的连续条件，在两个数据点之间构造一条连续曲线，获得插值所有数据点的一系列分段连续的曲线形式；借助于优化时使用的能量函数，每段曲线都有非常好的光滑性，主要体现在曲率分布上。B样条拟合方法针对给定的数据点集，考虑数据的参数化、节点配置和光顺程度等影响因素，也会探讨无序的点云数据的拟合问题；由于涉及大量的未知量，在问题求解时也要关注算法的效率和鲁棒性。

光顺曲线具有较简单的曲率分布，例如**螺线**(spiral)的曲率是单调变化的。在计算机辅助设计领域和轨道规划时，经常碰到的一个问题是：如何在两个数据点之间构造一段光顺曲线，并且要求曲线的曲率分布比较好。在数据点处，两段相邻曲线须具有相同的端点位置和切向以及相等的曲率值，从而获得光滑拼接的分段表示。曲线表示中的部分自由度会被用于满足特定的端点条件，而其余自由度往往通过优化某些能量函数来确定。在曲线拟合时，常见做法也是采用能量作为目标函数的构成部分，以改善拟合曲线的光顺程度；但拟合问题最关注的是拟合精度，光滑性反而是次要的。

光顺曲线的构造方法大致上可分为两大类。第一类方法使用螺线来分段拟合自由曲线，因此具有分段单调的曲率分布。Walton 和 Meek[99]借助欧拉螺线提出 G^1 连续的插值方法。更多方法侧重于使用多项式曲线构造 G^2 连续的螺线[100—103]，以适应 CAD 系统对多项式形式的偏爱。然而，这类方法必须满足特定的端点条件才能保证得到的插值曲线是螺线，这意味着在某些端点条件下是不可能存在多项式形式的螺线，因此不适用于数据任意的端点条件，从而给外形设计造成不便。

另一类方法通过能量优化的方式获得光顺曲线[104—108]。这类方法需要优化某个能量函数来确定曲线表示中的自由度，所以能量选取尤为关键；虽然不能保证得到的曲线总是螺线，但是通过能量优化尽量符合光顺的要求，为构造光顺曲线提供了另外一种思路。对于一条多项式曲线 $\boldsymbol{P}(t),\ t \in [a, b]$，它的二次能量定义为

$$\int_a^b \|\boldsymbol{P}^{(k)}(t)\|^2 \mathrm{d}t, \quad k \geqslant 1,$$

例如常见的近似应变能($k = 2$)和 jerk 能量($k = 3$)。早在 2004 年，基于近似应变能最小化的思想，雍俊海等[104]构造一种被称为最优几何 Hermite 的三次 G^1 插值曲线。基于 jerk 能量最小化的思想，迟静和张彩明[105]提出类似的三次 G^1 插值曲线。Jaklič 和 Žagar[106]提出端点条件更为宽松的三次 G^1 插值曲线。因为近似应变能和 jerk 能量都是控制顶点的二次函数，在能量优化时等价于求解某个线性方程组，所以 G^1 插值曲线的控制顶点一般都存在显式表达式。基于曲率变化能量最小化，Farin[107]提出有理三次 G^1 插值曲线的构造方法，并且指出曲率变化能量比应变能更好衡量曲线光顺的观点。另外，一些曲线形状调整方法[109—113]通过优化曲线的二次能量来调整曲线形状，获得形状调整后的光顺曲线。

本章研究基于曲率优化的光顺曲线重构问题。以曲率变化能量作为

光顺曲线构造时的目标函数，获得比其他二次能量更光顺的优化结果。虽然二次能量优化是比较容易实现的，但是它们只能看作是曲线某些内在能量的近似，所以从光顺角度来说优化后所得到的曲线并不是最优的，其实通常很难达到内在能量原本预期的结果。众所周知，多项式曲线的曲率函数是非线性的，而曲率变化能量更是高度非线性的，虽然在求解优化问题时必须借助数值计算领域的求解方法与技巧，但是优化后可产生更光顺的曲线，这在曲率分布图上得到很好的体现。

首先，针对给定的二维 G^1 数据，提出三次 G^1 曲线的重构方法。然后，针对给定的二维 G^2 数据，提出五次 G^2 曲线的重构方法。如果数据点集仅仅提供了数据点的位置信息，那么在数据点处的切向和曲率信息需要另外指定或者用一些近似方法来估计。最后，提出对数型艺术曲线的五次 G^2 重构方法。对数型艺术曲线是一类具有曲率单调变化的光顺曲线，在几何造型中有着非常广泛的应用。但是，对数型艺术曲线的参数方程一般都不会是多项式的形式，所以需要把对数型艺术曲线近似重构为多项式曲线的表示形式。通过曲率最佳匹配的方式开展问题研究，首要关注的是曲率分布的匹配程度以及是否具备继续保持曲率单调变化的能力，而在距离上的误差相对来说就不是那么的重要，这是跟传统拟合方法的主要差别。

在这三个问题的研究中，都会使用到曲率优化的思想，构造相应的目标函数。利用Bézier曲线表示中的自由度，通过求解约束优化问题来确定这些自由度，获得重构后的多项式曲线。结果表明，基于曲率优化的曲线重构方法在曲线形状和曲率分布上具有更多的优势，能够更好满足几何造型中高质量形状重构的应用需求。

6.1　二维数据的三次曲线重构

在二维数据点集中，两个数据点的二维 G^1 数据表示为 $\{\boldsymbol{P}_0, \boldsymbol{T}_0;\ \boldsymbol{P}_1, \boldsymbol{T}_1\}$，其中 $\boldsymbol{P}_i$ 和 $\boldsymbol{T}_i$ 分别表示数据点的位置和单位切向。一条三

次 G^1 插值曲线可构造为

$$P(t)=\sum_{i=0}^{3}B_i^3(t)\boldsymbol{b}_i,\quad t\in[0,1]. \tag{6.1}$$

这里,采用三次 Bézier 曲线的表示形式:$\boldsymbol{b}_i\in\mathbb{R}^2$ 是四个控制顶点,以及

$$B_i^3(t)=\frac{3!}{(3-i)!\ i!}(1-t)^{3-i}t^i,\quad i=0,1,2,3,$$

是三次 Bernstein 多项式。

为了保持在端点处给定的 G^1 连续条件,曲线 $\boldsymbol{P}(t)$ 须满足

$$\boldsymbol{P}(0)=\boldsymbol{P}_0,\quad \boldsymbol{P}'(0)=\alpha_0\boldsymbol{T}_0,\quad \boldsymbol{P}(1)=\boldsymbol{P}_1,\quad \boldsymbol{P}'(1)=\alpha_1\boldsymbol{T}_1,$$

其中 $\alpha_0,\alpha_1\in\mathbb{R}^+$ 是两个待定的参数。根据 Bézier 曲线的性质,简单推导后得到控制顶点的表达式

$$\boldsymbol{b}_0=\boldsymbol{P}_0,\quad \boldsymbol{b}_1=\boldsymbol{P}_0+\frac{\alpha_0}{3}\boldsymbol{T}_0,\quad \boldsymbol{b}_2=\boldsymbol{P}_1-\frac{\alpha_1}{3}\boldsymbol{T}_1,\quad \boldsymbol{b}_3=\boldsymbol{P}_1, \tag{6.2}$$

当 $\alpha_0=\alpha_1=1$ 时,此即经典的三次 Hermite 插值曲线。参数 α_0,α_1 的值必须都是正的,以确保三次曲线在端点处切向量的方向跟给定的切向是一致的;否则的话,两段相邻曲线在端点处切向量的方向将会是相反的,导致尖点的出现。不论参数 α_0,α_1 取何值,都能满足在端点的 G^1 连续条件。而一旦确定参数值后,控制顶点以及相应的三次曲线也就随之而产生。

2004 年,雍俊海等[104]通过最小化近似应变能 $\int_0^1\|\boldsymbol{P}''(t)\|^2\mathrm{d}t$,得到 α_0,α_1 唯一的最优解:

$$\bar{\alpha}_0=\frac{6[(\boldsymbol{P}_1-\boldsymbol{P}_0)\cdot\boldsymbol{T}_0](\boldsymbol{T}_1^2)-3[(\boldsymbol{P}_1-\boldsymbol{P}_0)\cdot\boldsymbol{T}_1](\boldsymbol{T}_0\cdot\boldsymbol{T}_1)}{4(\boldsymbol{T}_0^2)(\boldsymbol{T}_1^2)-(\boldsymbol{T}_0\cdot\boldsymbol{T}_1)^2},$$

$$\bar{\alpha}_1=\frac{6[(\boldsymbol{P}_1-\boldsymbol{P}_0)\cdot\boldsymbol{T}_1](\boldsymbol{T}_0^2)-3[(\boldsymbol{P}_1-\boldsymbol{P}_0)\cdot\boldsymbol{T}_0](\boldsymbol{T}_0\cdot\boldsymbol{T}_1)}{4(\boldsymbol{T}_0^2)(\boldsymbol{T}_1^2)-(\boldsymbol{T}_0\cdot\boldsymbol{T}_1)^2}.$$

但是,当且仅当切向 $\boldsymbol{T}_0,\boldsymbol{T}_1$ 和向量 $\boldsymbol{P}_0\boldsymbol{P}_1$ 的夹角满足一定的角度约束条件时,$\bar{\alpha}_0,\bar{\alpha}_1$ 的值才是正的。否则的话,就需要使用两段或三段的三次曲线以保持切向一致的要求,同时还要指定内部连接点的位置和相应的切向。虽然分段构造解决了角度约束问题,但是内部未知的连接点为形状重构增加了

不确定性以及曲线设计时的难度。

2011 年，Jaklič 和 Žagar[106] 提出通过最小化 $\int_0^1 [\boldsymbol{P}'(t) \times \boldsymbol{P}'''(t)]^2 \mathrm{d}t$，得到 α_0, α_1 唯一的最优解：

$$\hat{\alpha}_0 = -\frac{2\boldsymbol{T}_1 \times (\boldsymbol{P}_1 - \boldsymbol{P}_0)}{\boldsymbol{T}_0 \times \boldsymbol{T}_1}, \quad \hat{\alpha}_1 = \frac{2\boldsymbol{T}_0 \times (\boldsymbol{P}_1 - \boldsymbol{P}_0)}{\boldsymbol{T}_0 \times \boldsymbol{T}_1}.$$

这里以及后续内容中，约定二维向量 $\boldsymbol{x} = (x_1, x_2)$ 和 $\boldsymbol{y} = (y_1, y_2)$ 的向量积为 $\boldsymbol{x} \times \boldsymbol{y} = x_1 y_2 - x_2 y_1$，即只考虑向量积的长度，而忽略向量积的方向（因为它的方向总是跟 $\boldsymbol{x}, \boldsymbol{y}$ 所在平面的法向是平行的）；这样的约定仅仅是为了公式表示的简便，但不否认向量积是向量的事实。当且仅当 $\boldsymbol{T}_0$ 和 $\boldsymbol{T}_1$ 在直线段 $\boldsymbol{P}_0\boldsymbol{P}_1$ 的两侧以及 $\boldsymbol{T}_0$ 和 $\boldsymbol{T}_1$ 之间的夹角小于 π 时，$\hat{\alpha}_0, \hat{\alpha}_1$ 的值才是正的。如果要求只用一段曲线来构造 G^1 插值曲线，那么这两个方法都需要 G^1 数据满足一定的条件才能使用，故不适用于任意的 G^1 数据。

定义曲线 $\boldsymbol{P}(t)$ 的曲率变化能量（curvature variation energy，简称 CVE）为

$$\varepsilon_{\mathrm{CVE}}(\boldsymbol{P}) = \int_0^1 [\kappa'(t)]^2 \mathrm{d}t. \tag{6.3}$$

相对于应变能 $\int_0^1 [\kappa(t)]^2 \mathrm{d}t$ 关注曲率值的大小，抑制局部过大的曲率；曲率变化能量更关注的是曲率变化率，目的是使曲率尽量平缓变化。例如，圆弧是公认的光顺曲线，尽管不同半径的圆弧有大小不同的曲率和应变能，圆弧的曲率变化能量却恒等于零。因此，曲率变化能量可更好地反映曲线的光顺程度。从曲率分布的角度看，曲率变化反映了曲率值的变化规律，抑制曲线的形状出现急剧变化。例如，当曲率在某个小区间内存在陡峭的峰点时，曲率变化将是非常大的，即使区间长度很小也能被曲率变化能量所发现，而应变能往往会忽略这一情况。所以，如果曲率变化能量比较小，那么曲线的形状就会比较平缓，避免在形状上出现大起大落，更符合曲线在光顺上的预期。

通过最小化曲率变化能量，得到参数α_0, α_1的最优值。即，

$$\min_{\alpha_0, \alpha_1} \varepsilon_{\mathrm{CVE}}(\boldsymbol{P}) := \int_0^1 [\kappa'(t)]^2 \mathrm{d}t, \quad \text{s.t. } (\alpha_0, \alpha_1) \in D. \tag{6.4}$$

为了更好满足应用问题中形状保持的需要，对参数(α_0, α_1)施加一个可行域的约束：

$$D = \{(\alpha_0, \alpha_1) \in \mathbb{R}^2 : 0 < l_0 d \leqslant \alpha_0 \leqslant u_0 d,\ 0 < l_1 d \leqslant \alpha_1 \leqslant u_1 d\}. \tag{6.5}$$

这里，$d = \|\boldsymbol{P}_1 - \boldsymbol{P}_0\|$，$u_i$和$l_i$分别表示指定的上下界。显然，Bézier曲线在两个端点处切向量的长度分别等于α_0, α_1，即

$$\alpha_0 = \|\boldsymbol{P}'(0)\|, \quad \alpha_1 = \|\boldsymbol{P}'(1)\|.$$

从几何意义上看，可行域上下界的作用是限定目标曲线在两个端点处切向量的长度落在指定的范围内，因此可行域对曲线在端点附近的形状有较大的影响。当然，如果可行域限定的范围比较小的话，那么也就能够在可行域内更快地找到最优解。如果参数α_0, α_1的值非常接近于零，那么曲线在端点处将几乎是奇异的；如果它们的值很大，那么此时曲线的形状显然会很差。所以，为了避免出现这两种极端情形，很有必要对参数α_0, α_1施加可行域的约束，并通过上下界来控制可行域的大小。默认取可行域为$D = [0.2d, 5d]^2$，在需要时可做适当的交互修改。

然而，曲线$\boldsymbol{P}(t)$的曲率导数表示为

$$\kappa'(t) = \frac{1}{\|\boldsymbol{P}'(t)\|^5}\left(\|\boldsymbol{P}'(t)\|^2 \times [\boldsymbol{P}'(t) \times \boldsymbol{P}'''(t)] - 3(\boldsymbol{P}'(t) \cdot \boldsymbol{P}'''(t)) \times [\boldsymbol{P}'(t) \times \boldsymbol{P}''(t)]\right). \tag{6.6}$$

即便是多项式曲线，$\kappa(t)$和$\kappa'(t)$也是非线性的。虽然$[\kappa'(t)]^2$是次数很高的有理分式，但是它的积分缺少简单的求积公式，这其实很不利于后续的优化求解。因此，使用数值积分法来计算曲率变化能量(6.3)。取t_i为区间$[0, 1]$上的均匀节点：

$$t_i = ih, \ i = 0, 1, \cdots, 2N, \quad h = \frac{1}{2N}.$$

根据复合辛普森求积公式，得到近似计算公式

$$\tilde{\varepsilon}_{\mathrm{CVE}}(\boldsymbol{P})=\frac{h}{3}\left([\kappa'(0)]^2+[\kappa'(1)]^2\right)+\frac{2h}{3}\sum_{i=1}^{N-1}[\kappa'(t_{2i})]^2+\frac{4h}{3}\sum_{i=1}^{N}[\kappa'(t_{2i-1})]^2. \tag{6.7}$$

复合辛普森积分法是一种用抛物线来近似函数的数值积分法。它把积分区间等分成若干个小区间,对被积函数在每个小区间上使用辛普森公式,被积函数在每个小区间的两个端点和中点处的取值近似为一段抛物线,再逐段积分后相加得到原来定积分的近似值。由于复合辛普森积分法的逼近阶为 $O(h^4)$,逼近误差随着步长 h 的增加而急剧减小,参见参考文献[114]中的定理 4.4。考虑到三次 Bézier 曲线的形状不会很复杂,一般只要取 $M\in[20,30]$就可实现精度和效率的平衡。

最后,设计一个基于块坐标下降法[115]的迭代算法来求解非线性最优化问题(6.4)。块坐标下降法只用到函数值,而无须计算目标函数的偏导数;在每次迭代过程中,得到一个坐标的最优值,而其他坐标都保持不变。考虑到这个最优化问题只有两个未知量,所以块坐标下降法是非常高效的。图 6.1 为参数 (α_0,α_1) 最优值的搜寻过程的一个示例。

算法总结如下。

算法 6.1　寻找 (α_0,α_1) 的最优值

Step1(初始化)　令 $k=0$,取 (α_0^k,α_1^k) 的初值为 $(1,1)$ 或可行域 D 的中心点。

Step2　在 $\tilde{\varepsilon}_{\mathrm{CVE}}(\boldsymbol{P})$ 中固定 $\alpha_1=\alpha_1^k$,用块坐标下降法找到 $\alpha_0^{k+1}=\arg\min\limits_{\alpha_0}\tilde{\varepsilon}_{\mathrm{CVE}}(\boldsymbol{P})$。在 $\tilde{\varepsilon}_{\mathrm{CVE}}(\boldsymbol{P})$ 中固定 $\alpha_0=\alpha_0^{k+1}$,用块坐标下降法找到 $\alpha_1^{k+1}=\arg\min\limits_{\alpha_1}\tilde{\varepsilon}_{\mathrm{CVE}}(\boldsymbol{P})$。

Step3　用 $(\alpha_0^{k+1},\alpha_1^{k+1})$ 的值计算 $\tilde{\varepsilon}_{\mathrm{CVE}}(\boldsymbol{P})$。令 $k=k+1$,重复执行 Step2,直至收敛。

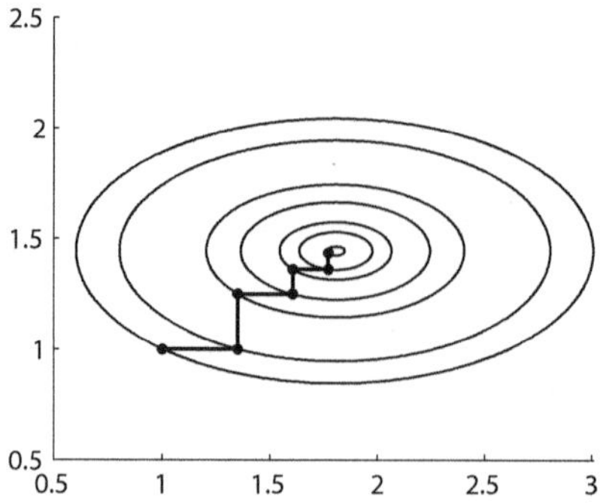

图 6.1　参数(α_0,α_1)最优值的搜寻过程

下面是一些关于三次 G^1 曲线重构的例子，并与参考文献[106]方法和参考文献[107]方法进行比较。

例 6.1　不失一般性，设两个数据点的位置为 $\boldsymbol{P}_0=(0,0)$，$\boldsymbol{P}_1=(1,0)$，以及在 $\boldsymbol{P}_0$，$\boldsymbol{P}_1$ 处的单位切向为 $\boldsymbol{T}_0=(\cos\varphi_0,\ -\sin\varphi_0)$，$\boldsymbol{T}_1=(\cos\varphi_1,\sin\varphi_1)$，其中 $\varphi_0>0$ 和 φ_1 分别表示从 $\boldsymbol{T}_0$ 到向量 $\boldsymbol{P}_0\boldsymbol{P}_1$ 的夹角和从向量 $\boldsymbol{P}_0\boldsymbol{P}_1$ 到 $\boldsymbol{T}_1$ 的夹角（逆时针方向的角度是正的，而顺时针方向的角度是负的）。在图 6.2 的四个例子中，本节方法得到的结果用黑色实线显示，而参考文献[106]方法的结果用黑色虚线显示。参考文献[106]方法在实际使用时存在一些不足：当角度 φ_0 和 φ_1 比较大时，将产生不满足 G^1 条件的结果或者没有结果；在图 6.2(c)中，得到负的 α_0,α_1，此时曲线的切向刚好跟原来相反，导致出现不受欢迎的尖点；当 $\varphi_0=\varphi_1=\pi/2$ 时，α_0,α_1 的值是无穷大，导致曲线实际上是不存在的。与此相反，算法 6.1 因为使用了可行域，总能获得满足条件的结果，所以可适用于任意的 G^1 数据。表 6.1 列出这两种方法得到曲线的曲率变化能量和所需时间。尽管算法 6.1 使用了基于块坐标下降法的迭代法，效率还是很高的。

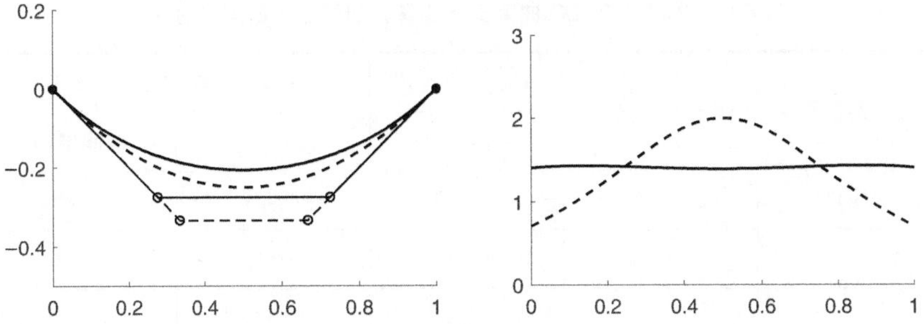

(a) $\varphi_0 = \pi/4, \varphi_1 = \pi/4$

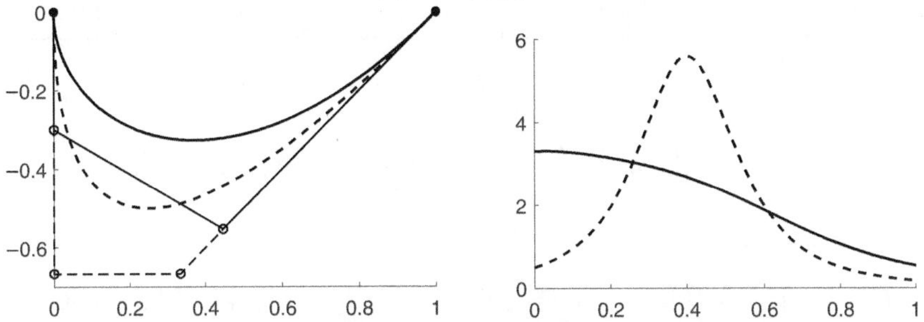

(b) $\varphi_0 = \pi/2, \varphi_1 = \pi/4$

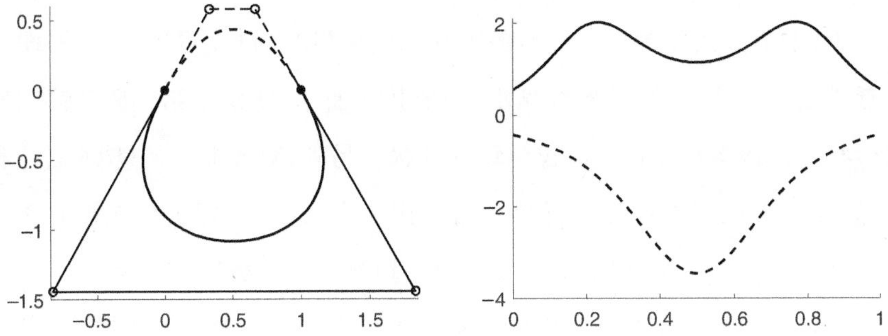

(c) $\varphi_0 = 2\pi/3, \varphi_1 = 2\pi/3$

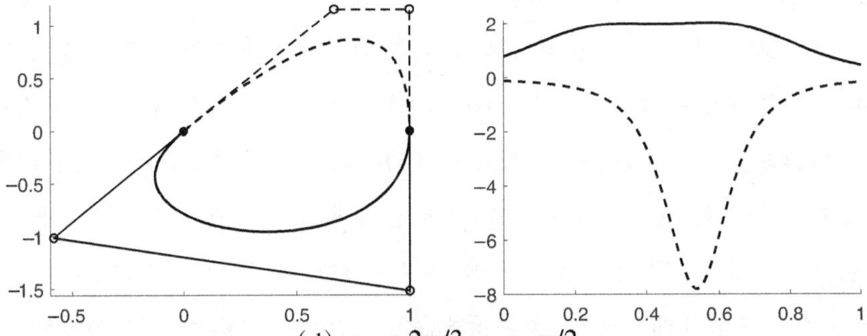

(d) $\varphi_0 = 2\pi/3, \varphi_1 = \pi/2$

图 6.2 G^1 数据的三次插值曲线

表 6.1　图 6.2 中曲线的曲率变化能量和曲线生成所需的时间

子图	参考文献[106]		第 6.1 节	
	ε_{CVE}	时间	ε_{CVE}	时间(秒)
(a)	7.418	可忽略	0.024	0.152
(b)	171.851	可忽略	9.372	0.161
(c)	45.163	可忽略	28.158	0.157
(d)	505.795	可忽略	12.183	0.165

例 6.2　考虑一段欧拉螺线,其定义为

$$x(s)=\int_0^s \cos\frac{\pi}{2}t^2\mathrm{d}t,\quad y(s)=\int_0^s \sin\frac{\pi}{2}t^2\mathrm{d}t,\quad s\in[0,2].$$

欧拉螺线具有线性变化的曲率(即 $\kappa(s)=\pi s$),是接受度很高的一类光顺曲线,被广泛用于运动和轨道等路径规划时的曲线设计中。图 6.3 为欧拉螺线的三次 G^1 插值结果。在图 6.3(a)和(b)中,参考文献[106]方法用黑色实线显示,本节方法得到三次曲线的形状和曲率(用黑色虚线显示)已经非常接近于欧拉螺线(用灰色实线显示)的形状和曲率,特别是第二段和第三段的形状已经基本覆盖住了欧拉螺线的形状。另外,对比曲率梳(图 6.3(c)和(d)),本节方法具有明显的优势。这个例子表明,二次能量虽然被看作是曲线内在能量的一个近似,但其实很难达到内在能量预期的结果。

例 6.3　图 6.4 为本节方法在字体设计上的一个应用。汉字"大"由 2 条直线段、6 条 C 形曲线和 5 条 S 形曲线所构成。尽管参考文献[107]中使用的三次有理 G^1 方法能够重构出圆弧曲线,但是它的曲率梳不够完美(见图 6.4(b)),并且在一些情况下生成的三次有理曲线存在负的权因子,而这其实是应该尽量避免出现的。对比图 6.4(b)和(c)可知,本节方法得到的曲率梳更加完美。另外需要说明的是,三次有理曲线虽然只有两个权因子,但也会造成求导和求积运算比较麻烦,为后期进一步形状优化带来不便。所以,相比于三次有理形式,三次多项式曲线具有更强的实用性和应用性。

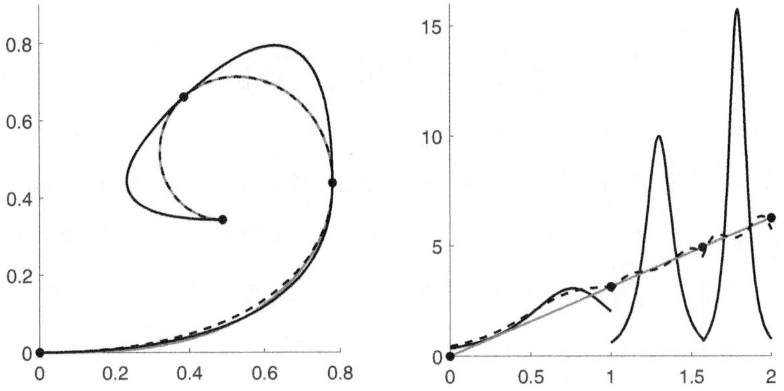

(a) 曲线图　　　　(b) 曲率图

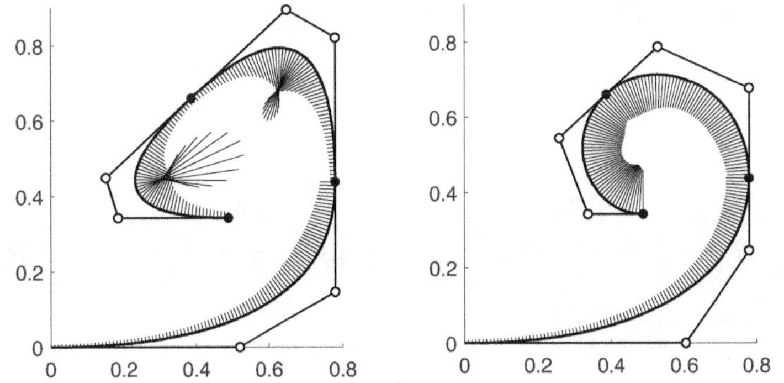

(c) 参考文献[106]　　　　(d) 第6.1节

图6.3　欧拉螺线的三次插值曲线

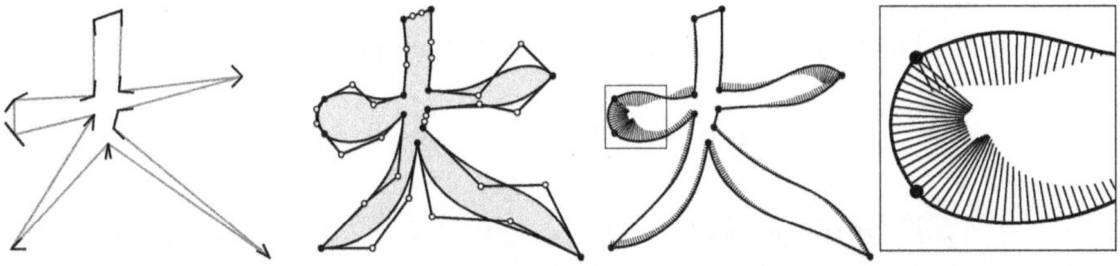

(a) G^1数据　　　　(b) 有理三次曲线及其曲率梳:参考文献[107]

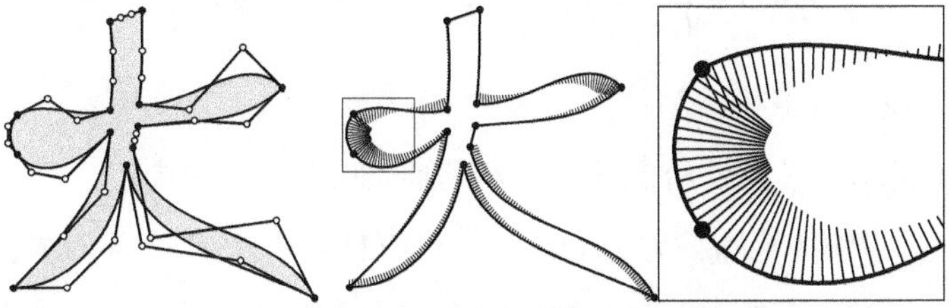

(c) 三次曲线及其曲率梳:第6.1节

图6.4　字体设计上的应用:汉字“大”

6.2 二维数据的五次曲线重构

在二维数据点集中，两个相邻数据点的二维 G^2 数据表示为 $\{\boldsymbol{P}_0, \boldsymbol{T}_0, \kappa_0; \boldsymbol{P}_1, \boldsymbol{T}_1, \kappa_1\}$，其中 $\boldsymbol{P}_i$、$\boldsymbol{T}_i$ 和 κ_i 分别表示数据点的位置、单位切向和曲率值。假设 φ_0 为从 $\boldsymbol{T}_0$ 到向量 $\boldsymbol{P}_0\boldsymbol{P}_1$ 的夹角，以及 φ_1 为从向量 $\boldsymbol{P}_0\boldsymbol{P}_1$ 到 $\boldsymbol{T}_1$ 的夹角（逆时针方向的角度是正的，而顺时针方向的角度是负的）。向量 $\boldsymbol{N}_0$ 和 $\boldsymbol{N}_1$ 分别为向量 $\boldsymbol{T}_0$ 和 $\boldsymbol{T}_1$ 按逆时针方向旋转 90°后所得的向量。那么，在两个端点处的曲率向量就表示为 $\kappa_0\boldsymbol{N}_0$ 和 $\kappa_1\boldsymbol{N}_1$。示例见图 6.5。

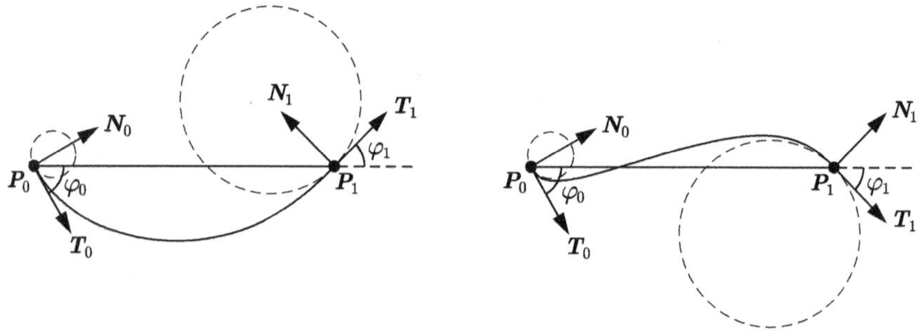

图 6.5　C 型和 S 型的五次曲线

对于给定的 G^2 数据，一条五次 G^2 插值曲线可构造为

$$\boldsymbol{P}(t) = \sum_{i=0}^{5} B_i^5(t)\boldsymbol{b}_i, \quad t \in [0, 1]. \tag{6.8}$$

这里，采用五次 Bézier 曲线的表示形式：$\boldsymbol{b}_i \in \mathbb{R}^2$ 是六个控制顶点，以及

$$B_i^5(t) = \frac{5!}{(5-i)!\ i!}(1-t)^{5-i}t^i, \quad i = 0, 1, \cdots, 5,$$

是五次 Bernstein 多项式。

为了保持在端点处给定的位置和切向，曲线 $\boldsymbol{P}(t)$ 须满足

$$\boldsymbol{P}(0) = \boldsymbol{P}_0, \quad \boldsymbol{P}'(0) = \alpha_0\boldsymbol{T}_0, \quad \boldsymbol{P}(1) = \boldsymbol{P}_1, \quad \boldsymbol{P}'(1) = \alpha_1\boldsymbol{T}_1,$$

其中 $\alpha_0, \alpha_1 \in \mathbb{R}^+$ 是两个待定的参数。根据 Bézier 曲线的性质，简单推导后

得到控制顶点的表达式

$$\boldsymbol{b}_0 = \boldsymbol{P}_0,\quad \boldsymbol{b}_1 = \boldsymbol{P}_0 + \frac{\alpha_0}{5}\boldsymbol{T}_0,\quad \boldsymbol{b}_4 = \boldsymbol{P}_1 - \frac{\alpha_1}{5}\boldsymbol{T}_1,\quad \boldsymbol{b}_5 = \boldsymbol{P}_1. \tag{6.9}$$

令

$$\boldsymbol{P}''(0) = \beta_0\boldsymbol{T}_0 + \gamma_0\boldsymbol{N}_0,\quad \boldsymbol{P}''(1) = \beta_1\boldsymbol{T}_1 + \gamma_1\boldsymbol{N}_1,$$

其中$\beta_0,\beta_1,\gamma_0,\gamma_1 \in \mathbb{R}$。因为$\boldsymbol{P}'(0) = \alpha_0\boldsymbol{T}_0$和$\boldsymbol{P}'(1) = \alpha_1\boldsymbol{T}_1$，所以要使曲线$\boldsymbol{P}(t)$在两个端点处的曲率满足$\kappa(0) = \kappa_0$和$\kappa(1) = \kappa_1$，那么从曲率公式

$$\kappa(0) = \frac{\|\boldsymbol{P}'(0) \times \boldsymbol{P}''(0)\|}{\|\boldsymbol{P}'(0)\|^3} = \frac{\gamma_0}{\alpha_0^2},\quad \kappa(1) = \frac{\|\boldsymbol{P}'(1) \times \boldsymbol{P}''(1)\|}{\|\boldsymbol{P}'(1)\|^3} = \frac{\gamma_1}{\alpha_1^2},$$

可推导出$\gamma_0 = \alpha_0^2\kappa_0$和$\gamma_1 = \alpha_1^2\kappa_1$。于是，

$$\boldsymbol{P}''(0) = \beta_0\boldsymbol{T}_0 + \alpha_0^2\kappa_0\boldsymbol{N}_0,\quad \boldsymbol{P}''(1) = \beta_1\boldsymbol{T}_1 + \alpha_1^2\kappa_1\boldsymbol{N}_1.$$

最后，根据五次Bézier曲线的二阶导矢公式

$$\boldsymbol{P}''(0) = 20(\boldsymbol{b}_0 - 2\boldsymbol{b}_1 + \boldsymbol{b}_2),\quad \boldsymbol{P}''(1) = 20(\boldsymbol{b}_3 - 2\boldsymbol{b}_4 + \boldsymbol{b}_5),$$

并将公式(6.9)代入后，整理可得

$$\boldsymbol{b}_2 = \boldsymbol{P}_0 + \left(\frac{2\alpha_0}{5} + \frac{\beta_0}{20}\right)\boldsymbol{T}_0 + \frac{\alpha_0^2\kappa_0}{20}\boldsymbol{N}_0, \tag{6.10}$$

$$\boldsymbol{b}_3 = \boldsymbol{P}_1 + \left(-\frac{2\alpha_1}{5} + \frac{\beta_1}{20}\right)\boldsymbol{T}_1 + \frac{\alpha_1^2\kappa_1}{20}\boldsymbol{N}_1. \tag{6.11}$$

综上所述，对于给定的G^2数据，五次G^2插值曲线的控制顶点的表达式由公式(6.9)—(6.11)给出。控制顶点$\boldsymbol{b}_1$, $\boldsymbol{b}_4$分别是参数α_0, α_1的一次函数，控制顶点$\boldsymbol{b}_2$是α_0的二次和β_0的一次函数，以及控制顶点$\boldsymbol{b}_3$是α_1的二次和β_1的一次函数。当$(\alpha_0, \alpha_1, \beta_0, \beta_1) = (1, 1, 0, 0)$时，此即经典的五次Hermite插值曲线。所以，为了得到五次曲线的控制顶点，还需要确定这四个参数的值。该五次曲线模型的优点是对于任意给定的G^2数据，都总是能得到满足G^2插值条件的五次曲线，并且仍有四个参数可用于后续的形状优化。

第一种方法是通过最小化曲线的近似应变能来确定四个参数的值。因为

$$\boldsymbol{P}''(t) = 20\sum_{i=0}^{3}B_i^3(t)(\boldsymbol{b}_i - 2\boldsymbol{b}_{i+1} + \boldsymbol{b}_{i+2}),$$

所以曲线$\boldsymbol{P}(t)$的近似应变能表示为

$$\begin{aligned} f(\alpha_0,\alpha_1,\beta_0,\beta_1) &= \int_0^1 \|\boldsymbol{P}''(t)\|^2 \mathrm{d}t \\ &= 400\sum_{i=0}^{3}\sum_{j=0}^{3}\int_0^1 B_i^3(t)B_j^3(t)\mathrm{d}t \times (\boldsymbol{b}_i - 2\boldsymbol{b}_{i+1} + \boldsymbol{b}_{i+2})\cdot(\boldsymbol{b}_j - 2\boldsymbol{b}_{j+1} + \boldsymbol{b}_{j+2}) \\ &= \frac{20}{7}\sum_{i=0}^{3}\sum_{j=0}^{3}\binom{i+j}{i}\binom{6-i-j}{3-i}(\boldsymbol{b}_i - 2\boldsymbol{b}_{i+1} + \boldsymbol{b}_{i+2})\cdot(\boldsymbol{b}_j - 2\boldsymbol{b}_{j+1} + \boldsymbol{b}_{j+2}) \\ &= \frac{20}{7}\sum_{i=0}^{5}\sum_{j=0}^{5}m_{ij}\boldsymbol{b}_i\cdot\boldsymbol{b}_j, \end{aligned}$$

其中系数m_{ij}由下列矩阵给出

$$[m_{ij}]_{i,j=0}^{5} = \begin{bmatrix} 20 & -30 & 4 & 3 & 2 & 1 \\ -30 & 52 & -13 & -8 & -3 & 2 \\ 4 & -13 & 12 & 2 & -8 & 3 \\ 3 & -8 & 2 & 12 & -13 & 4 \\ 2 & -3 & -8 & -13 & 52 & -30 \\ 1 & 2 & 3 & 4 & -30 & 20 \end{bmatrix}.$$

从公式(6.9)—(6.11)可知，函数f是关于参数α_0,α_1的四次和β_0,β_1的二次函数。再根据链式法则，并且经过化简后，函数f关于$\alpha_0,\alpha_1,\beta_0,\beta_1$的偏导数计算如下：

$$\begin{aligned} \frac{\partial f}{\partial \alpha_0} &= \frac{8}{7}\sum_{j=0}^{5}(m_{1j} + 2m_{2j})\boldsymbol{b}_j\cdot\boldsymbol{T}_0 + \frac{4\alpha_0\kappa_0}{7}\sum_{j=0}^{5}m_{2j}\boldsymbol{b}_j\cdot\boldsymbol{N}_0, \\ \frac{\partial f}{\partial \alpha_1} &= -\frac{8}{7}\sum_{j=0}^{5}(2m_{3j} + m_{4j})\boldsymbol{b}_j\cdot\boldsymbol{T}_1 + \frac{4\alpha_1\kappa_1}{7}\sum_{j=0}^{5}m_{3j}\boldsymbol{b}_j\cdot\boldsymbol{N}_1, \\ \frac{\partial f}{\partial \beta_0} &= \frac{2}{7}\sum_{j=0}^{5}m_{2j}\boldsymbol{b}_j\cdot\boldsymbol{T}_0, \\ \frac{\partial f}{\partial \beta_1} &= \frac{2}{7}\sum_{j=0}^{5}m_{3j}\boldsymbol{b}_j\cdot\boldsymbol{T}_1. \end{aligned}$$

由于函数f关于β_0,β_1是二次的，当函数f取到极值时，β_0,β_1完全由参数α_0,α_1所决定。令$\frac{\partial f}{\partial \beta_0} = \frac{\partial f}{\partial \beta_1} = 0$，并将公式(6.9)—(6.11)代入后，得到线性

方程组：

$$\begin{cases} 0.6\beta_0 + (0.1\boldsymbol{T}_0 \cdot \boldsymbol{T}_1)\beta_1 = 3(\boldsymbol{P}_1 - \boldsymbol{P}_0)\cdot \boldsymbol{T}_0 - 2.2\alpha_0 - 0.8\alpha_1\boldsymbol{T}_0 \cdot \boldsymbol{T}_1 - 0.1\alpha_1^2\kappa_1\boldsymbol{T}_0 \cdot \boldsymbol{T}_1, \\ (0.1\boldsymbol{T}_0 \cdot \boldsymbol{T}_1)\beta_0 + 0.6\beta_1 = -3(\boldsymbol{P}_1 - \boldsymbol{P}_0)\cdot \boldsymbol{T}_1 + 0.8\alpha_0\boldsymbol{T}_0 \cdot \boldsymbol{T}_1 + 2.2\alpha_1 - 0.1\alpha_0^2\kappa_0\boldsymbol{T}_1 \cdot \boldsymbol{N}_0. \end{cases}$$

求解后，得到β_0,β_1是参数α_0,α_1的二次函数，

$$\begin{aligned} \beta_0 = \frac{1}{d}\big[&1.8(\boldsymbol{P}_1 - \boldsymbol{P}_0)\cdot \boldsymbol{T}_0 + 0.3(\boldsymbol{T}_0 \cdot \boldsymbol{T}_1)((\boldsymbol{P}_1 - \boldsymbol{P}_0)\cdot \boldsymbol{T}_1) - \alpha_0(1.32 + 0.08(\boldsymbol{T}_0 \cdot \boldsymbol{T}_1)^2) \\ &- 0.7\alpha_1\boldsymbol{T}_0 \cdot \boldsymbol{T}_1 + 0.01\alpha_0^2\kappa_0(\boldsymbol{T}_0 \cdot \boldsymbol{T}_1)(\boldsymbol{T}_1 \cdot \boldsymbol{N}_0) - 0.06\alpha_1^2\kappa_1\boldsymbol{T}_0 \cdot \boldsymbol{N}_1\big], \\ \beta_1 = \frac{1}{d}\big[&-1.8(\boldsymbol{P}_1 - \boldsymbol{P}_0)\cdot \boldsymbol{T}_1 - 0.3(\boldsymbol{T}_0 \cdot \boldsymbol{T}_1)((\boldsymbol{P}_1 - \boldsymbol{P}_0)\cdot \boldsymbol{T}_0) + 0.7\alpha_0\boldsymbol{T}_0 \cdot \boldsymbol{T}_1 \\ &+ \alpha_1(1.32 + 0.08(\boldsymbol{T}_0 \cdot \boldsymbol{T}_1)^2) - 0.06\alpha_0^2\kappa_0\boldsymbol{T}_1 \cdot \boldsymbol{N}_0 + 0.01\alpha_1^2\kappa_1(\boldsymbol{T}_0 \cdot \boldsymbol{T}_1)(\boldsymbol{T}_0 \cdot \boldsymbol{N}_1)\big], \end{aligned}$$

其中$d = 0.36 - 0.01(\boldsymbol{T}_0 \cdot \boldsymbol{T}_1)^2 \in [0.35, 0.36]$。最后，定义带约束的最优化问题为

$$\min_{\alpha_0,\alpha_1} \{\hat{f} := f(\alpha_0,\alpha_1,\beta_0(\alpha_0,\alpha_1),\beta_1(\alpha_0,\alpha_1))\}, \quad \text{s.t. } (\alpha_0,\alpha_1) \in D. \tag{6.12}$$

这里，D表示参数(α_0,α_1)的可行域，见公式(6.5)。目标函数是参数α_0,α_1的四次函数，因此可使用许多数值迭代法得到α_0,α_1的最优解。

第二种方法是通过最小化曲线的曲率变化能量来确定四个参数的值。定义带约束的最优化问题为

$$\min_{\alpha_0,\alpha_1,\beta_0,\beta_1} \varepsilon_{\mathrm{CVE}}(\boldsymbol{P}) := \int_0^1 [\kappa'(t)]^2 \mathrm{d}t, \quad \text{s.t. } (\alpha_0,\alpha_1) \in D. \tag{6.13}$$

对于五次曲线$\boldsymbol{P}(t)$来说，曲率导数的公式跟公式(6.6)是一样的，只是曲线的表达式是五次的，而不再是三次。同样地，目标函数的计算需使用复合辛普森求积公式，以及在优化求解时要使用块坐标下降法。当得到参数$(\alpha_0, \alpha_1,\beta_0, \beta_1)$的最优值后，再代入公式(6.9)—(6.11)，即可得到五次曲线的控制顶点。

下面是一些关于五次G^2曲线重构的例子。方法一表示通过最小化近似应变能来生成五次曲线，即求解问题(6.12)；方法二表示通过最小化曲率变化能量来生成五次曲线，即求解问题(6.13)。

例 6.4 不失一般性，设两个数据点的位置为 $\boldsymbol{P}_0=(0,0)$，$\boldsymbol{P}_1=(1,0)$，以及在 $\boldsymbol{P}_0$，$\boldsymbol{P}_1$ 处的单位切向为 $\boldsymbol{T}_0=(\cos\varphi_0,\ -\sin\varphi_0)$，$\boldsymbol{T}_1=(\cos\varphi_1,\sin\varphi_1)$，其中 $\varphi_0>0$ 和 φ_1 分别表示从 $\boldsymbol{T}_0$ 到向量 $\boldsymbol{P}_0\boldsymbol{P}_1$ 的夹角和从向量 $\boldsymbol{P}_0\boldsymbol{P}_1$ 到 $\boldsymbol{T}_1$ 的夹角。在图 6.6 的四个例子中，方法一的结果用黑色虚线显示，而方法二得到的结果用黑色实线显示。总体来说，方法二得到的曲率分布更加平缓一些。在图 6.6(a)中，G^2 数据来自一个单位圆，尽管这两个方法所得曲线的形状差别不大，但是从曲率图上可看到它们之间的明显差别。表 6.2 列出这两种方法得到曲线的曲率变化能量和所需时间。曲率变化能量是非线性的，并且在优化求解时难度也会增加，因此曲线生成需要更多的时间。另外，方法一使用的近似应变能是一种二次能量，优化后的结果其实还不是很光顺；而方法二使用的曲率变化能量更好地衡量了曲线的光顺程度，优化后的结果效果更符合光顺的预期。

例 6.5 图 6.7 为例 6.2 中欧拉螺线的五次 G^2 插值结果。另外，对比图 6.3 和图 6.7 可发现，基于曲率变化能量的方法二所得的优化结果不仅在形状上更接近原来的欧拉螺线，而且具有更完美的形状和曲率分布。相比于分段三次 G^1 曲线，分段五次 G^2 曲线的曲率函数是分段连续的，并且从效果上看也更完美。所以，在可获得曲率值的情况下，使用五次 G^2 曲线是更好的做法。

表 6.2 图 6.6 中曲线的曲率变化能量和曲线生成所需的时间

子图	方法一		方法二	
	$\varepsilon_{\mathrm{CVE}}$	时间(秒)	$\varepsilon_{\mathrm{CVE}}$	时间(秒)
(a)	0.014	0.122	2.085e-8	0.201
(b)	25.057	0.130	5.389	0.237
(c)	374.911	0.131	6.714	0.249
(d)	769.186	0.123	8.056	0.251

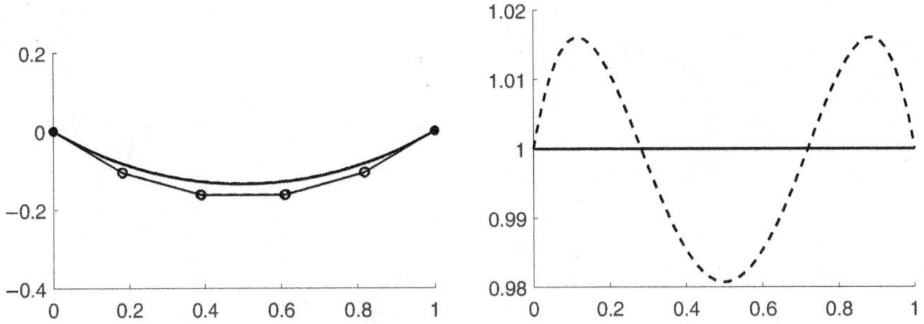

(a) $\varphi_0 = \pi/6, \varphi_1 = \pi/6, \kappa_0 = 1, \kappa_1 = 1$

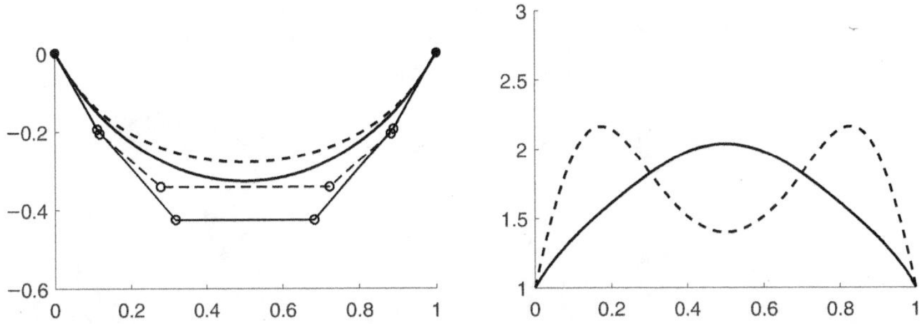

(b) $\varphi_0 = \pi/3, \varphi_1 = \pi/3, \kappa_0 = 1, \kappa_1 = 1$

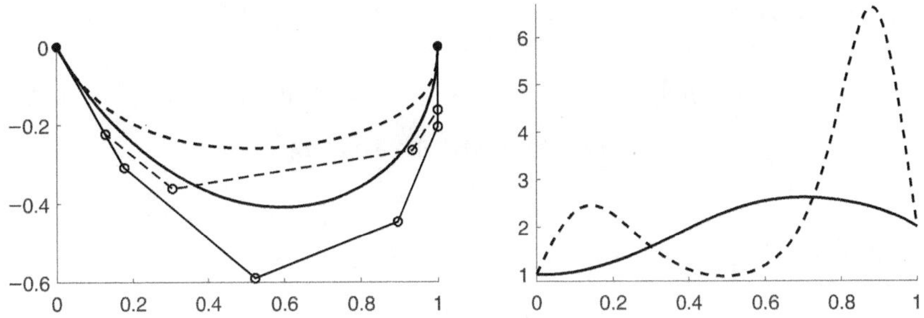

(c) $\varphi_0 = \pi/3, \varphi_1 = \pi/2, \kappa_0 = 1, \kappa_1 = 2$

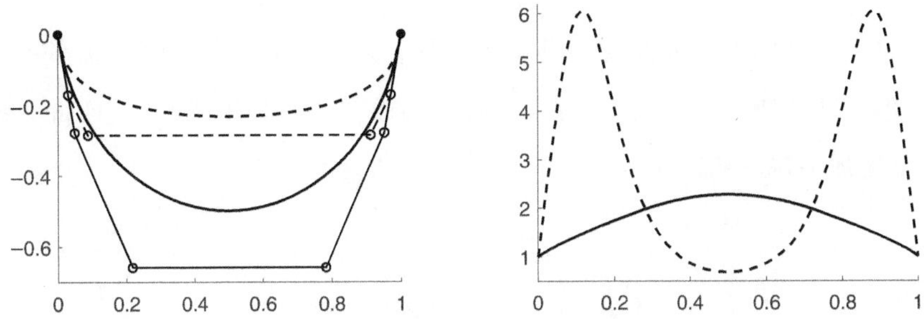

(d) $\varphi_0 = 4\pi/9, \varphi_1 = 4\pi/9, \kappa_0 = 1, \kappa_1 = 1$

图 6.6　G^2 数据的五次插值曲线

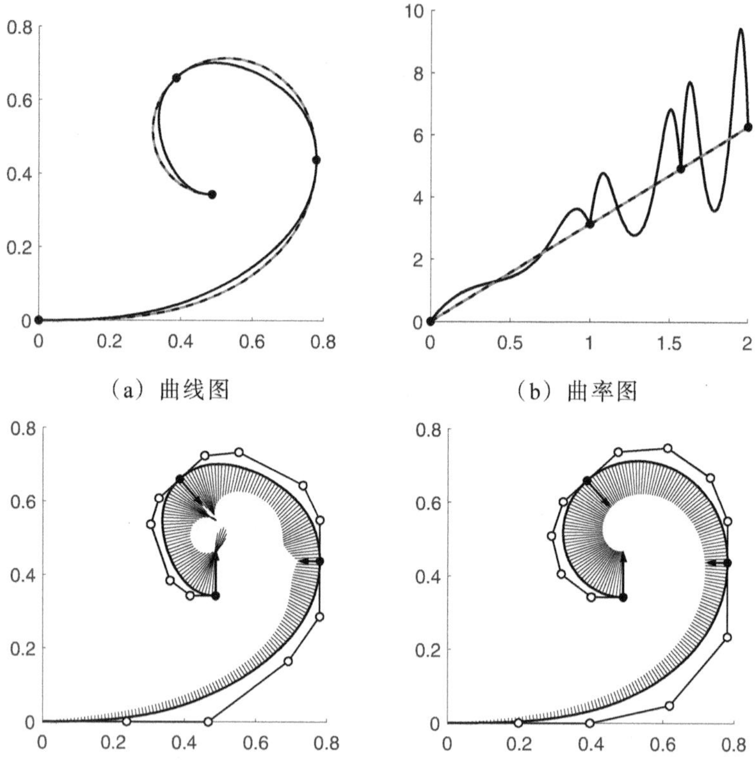

(a) 曲线图　(b) 曲率图

(c) 方法一　(d) 方法二

图 6.7　欧拉螺线的五次插值曲线

例 6.6　考虑一个海星图形,其参数方程为

$$\begin{cases} x(t) = (1 + 0.2\cos 5t)\cos t, \\ y(t) = (1 + 0.2\cos 5t)\sin t, \end{cases} \quad t \in [0, 2\pi].$$

图 6.8 为海星图形的五次 G^2 插值结果。尽管这两个方法得到的形状都差不多,但是从曲率梳上看,只有方法二得到的曲率分布是单调的,并且曲率变化也更加平缓一些。

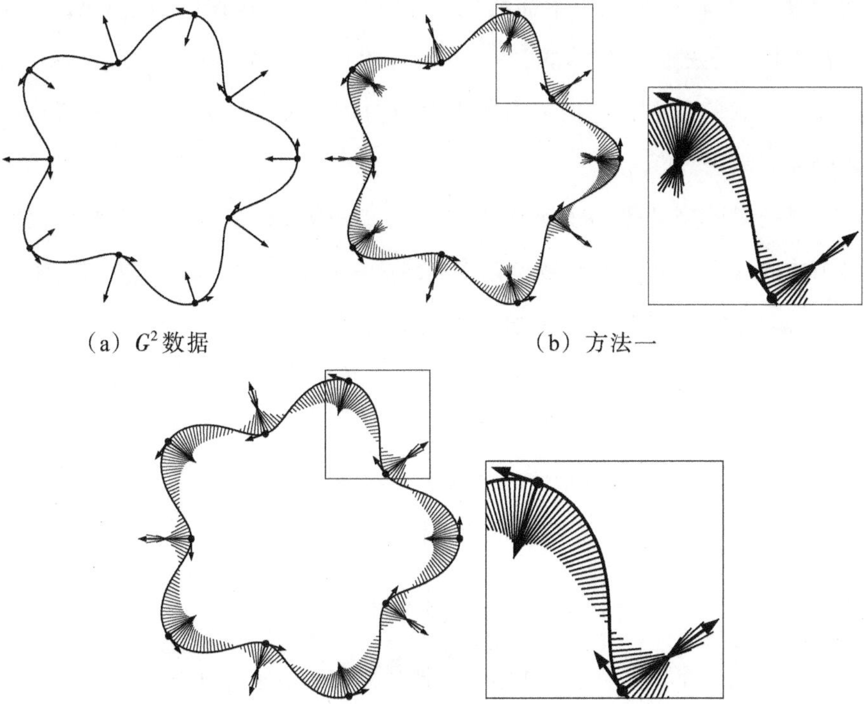

(a) G^2 数据　　(b) 方法一

(c) 方法二

图 6.8　海星图形的五次插值曲线

6.3　对数型艺术曲线的五次曲线重构

对数型艺术曲线(log-aesthetic curve,简称 LAC)包含很多经典的光顺曲线,例如圆弧、圆的渐开线、欧拉螺线、Nielsen 螺线和对数螺线等。它们具有单调变化的曲率分布,是非常符合审美习惯的一类优美曲线,因此被广泛用于几何造型、艺术设计和工业设计中[116—127]。特别是在工业设计领域,形状的美感是非常重要的评价标准,富有美感的零部件是产品能够走向成功的关键。但是美感通常又是一个很难描述或量化的概念,每个人都有不同的评价标准,也只有设计师等专业人士才能对美感做出客观的评价。如果能够以方程的方式实现艺术曲线的构造、评价和修改,同时提高曲线设计的质量，那么艺术曲线就能获得更广阔的应用。当前CAD系统大都采用多项式曲线的形式，并且在设计时很少会考虑设计出来的曲线是否满足美感的需求。如何提出艺术曲线的构造及设计方法是非常值得深入研究的问题。

要把对数型艺术曲线融入当前的CAD系统，那么就要研究如何使用多项式曲线来近似拟合对数型艺术曲线。目前，针对特殊的对数型艺术曲线，如圆弧和欧拉螺线，不少学者研究了它们的多项式逼近问题[128—136]，但没有关于对数型艺术曲线的系统研究。本节将提出用五次多项式曲线近似拟合对数型艺术曲线的方法。

首先，介绍对数型艺术曲线的参数表示。

对数型艺术曲线具有线性的对数曲率图[116—119]：

$$\log\left(\rho\frac{\mathrm{d}s}{\mathrm{d}\rho}\right)=\alpha\log\rho+c, \tag{6.14}$$

其中$c=-\log\lambda$是一个常数，s和ρ表示曲线的弧长和曲率半径。为了得到对数型艺术曲线的参数表示，需要先进行标准化处理。在对数型艺术曲线上任取一点$\boldsymbol{P}_r$作为参照点，通过如下三个步骤，得到对数型艺术曲线的标准形：

(1)缩放：对曲线进行均匀缩放，使曲线在$\boldsymbol{P}_r$的曲率半径为1，即$\rho=1$；

(2)平移：将坐标系的原点平移到$\boldsymbol{P}_r$处；

(3)旋转：对曲线进行旋转，使曲线在$\boldsymbol{P}_r$的切向刚好为x轴的正方向。

那么，标准化后的对数型艺术曲线的参数表示为

$$\boldsymbol{P}(\theta)=\left(\int_0^\theta\rho(\psi)\cos\psi\mathrm{d}\psi,\ \int_0^\theta\rho(\psi)\sin\psi\mathrm{d}\psi\right), \tag{6.15}$$

其中曲率半径ρ或曲率κ与切向角θ的关系为

$$\rho(\theta)=\frac{1}{\kappa(\theta)}=\begin{cases}\mathrm{e}^{\lambda\theta}, & \alpha=1,\\ ((\alpha-1)\lambda\theta+1)^{\frac{1}{\alpha-1}}, & \text{其他}.\end{cases} \tag{6.16}$$

从公式(6.15)可知，通常需要用数值积分法才能得到曲线上点的具体

位置。从公式(6.16),可推导出曲线$\boldsymbol{P}(\theta)$的弧长函数为

$$s(\theta)=\int_0^\theta \rho(\psi)\mathrm{d}\psi=\begin{cases}-\dfrac{1}{\lambda}\log(1-\lambda\theta), & \alpha=0,\\ \dfrac{1}{\lambda}(\mathrm{e}^{\lambda\theta}-1), & \alpha=1,\\ \dfrac{1}{\lambda\alpha}\left(((\alpha-1)\lambda\theta+1)^{\frac{\alpha}{\alpha-1}}-1\right), & \text{其他}.\end{cases} \tag{6.17}$$

它的反函数为

$$\theta(s)=\begin{cases}\dfrac{1}{\lambda}(1-\mathrm{e}^{-\lambda s}), & \alpha=0,\\ \dfrac{1}{\lambda}\log(1+\lambda s), & \alpha=1,\\ \dfrac{1}{\lambda(\alpha-1)}\left((\lambda\alpha s+1)^{\frac{\alpha-1}{\alpha}}-1\right), & \text{其他}.\end{cases}$$

现在,使用五次Bézier曲线来拟合对数型艺术曲线。假设$\boldsymbol{P}(\theta)$是定义在区间$[\theta_0,\theta_1]$上的一段对数型艺术曲线。令$\boldsymbol{P}_0^0=\boldsymbol{P}(\theta_0)$和$\boldsymbol{P}_1^0=\boldsymbol{P}(\theta_1)$表示曲线$\boldsymbol{P}(\theta)$的端点位置。再令$\boldsymbol{P}_0^i=\boldsymbol{P}^{(i)}(\theta_0)$和$\boldsymbol{P}_1^i=\boldsymbol{P}^{(i)}(\theta_1)$表示曲线$\boldsymbol{P}(\theta)$在这两个端点处的$i$阶导矢$(i\geqslant 1)$。从公式(6.15)和(6.16),可计算得到$\boldsymbol{P}_0^i,\boldsymbol{P}_1^i$的显式表达式:在$\theta=\theta_0$处,

$$\begin{aligned}\boldsymbol{P}_0^1&=(\rho(\theta_0)\cos\theta_0,\rho(\theta_0)\sin\theta_0),\\ \boldsymbol{P}_0^2&=(\rho'(\theta_0)\cos\theta_0-\rho(\theta_0)\sin\theta_0,\rho'(\theta_0)\sin\theta_0+\rho(\theta_0)\cos\theta_0),\end{aligned}$$

以及在$\theta=\theta_1$处,

$$\begin{aligned}\boldsymbol{P}_1^1&=(\rho(\theta_1)\cos\theta_1,\rho(\theta_1)\sin\theta_1),\\ \boldsymbol{P}_1^2&=(\rho'(\theta_1)\cos\theta_1-\rho(\theta_1)\sin\theta_1,\rho'(\theta_1)\sin\theta_1+\rho(\theta_1)\cos\theta_1).\end{aligned}$$

假设五次Bézier曲线的表达式为

$$\boldsymbol{Q}(t)=\sum_{i=0}^{5}B_i^5(t)\boldsymbol{q}_i,\quad t\in[0,1], \tag{6.18}$$

其中$\boldsymbol{q}_i$是六个待定的控制顶点。对曲线$\boldsymbol{P}(\theta)$和$\boldsymbol{Q}(t)$在两个端点处施加G^2连续的约束。根据G^2连续的定义(见定义2.4),曲线$\boldsymbol{Q}(t)$在$t=0,1$处需满足

$$\boldsymbol{Q}(0)=\boldsymbol{P}(\theta_0)=\boldsymbol{P}_0^0,\quad \boldsymbol{Q}'(0)=\alpha_0\boldsymbol{P}'(\theta_0)=\alpha_0\boldsymbol{P}_0^1,$$
$$\boldsymbol{Q}''(0)=\alpha_0^2\boldsymbol{P}''(\theta_0)+\beta_0\boldsymbol{P}'(\theta_0)=\alpha_0^2\boldsymbol{P}_0^2+\beta_0\boldsymbol{P}_0^1,$$
$$\boldsymbol{Q}(1)=\boldsymbol{P}(\theta_1)=\boldsymbol{P}_1^0,\quad \boldsymbol{Q}'(1)=\alpha_1\boldsymbol{P}'(\theta_1)=\alpha_1\boldsymbol{P}_1^1,$$
$$\boldsymbol{Q}''(1)=\alpha_1^2\boldsymbol{P}''(\theta_1)+\beta_1\boldsymbol{P}'(\theta_1)=\alpha_1^2\boldsymbol{P}_1^2+\beta_1\boldsymbol{P}_1^1,$$

其中$\alpha_0,\alpha_1,\beta_0,\beta_1\in\mathbb{R}$是四个参数。于是，根据Bézier曲线的性质，五次Bézier曲线的控制顶点表示为

$$\boldsymbol{q}_0=\boldsymbol{P}_0^0,\quad \boldsymbol{q}_1=\boldsymbol{P}_0^0+\frac{\alpha_0}{5}\boldsymbol{P}_0^1,\tag{6.19}$$

$$\boldsymbol{q}_2=\boldsymbol{P}_0^0+\left(\frac{2\alpha_0}{5}+\frac{\beta_0}{20}\right)\boldsymbol{P}_0^1+\frac{\alpha_0^2}{20}\boldsymbol{P}_0^2,\tag{6.20}$$

$$\boldsymbol{q}_3=\boldsymbol{P}_1^0+\left(-\frac{2\alpha_1}{5}+\frac{\beta_1}{20}\right)\boldsymbol{P}_1^1+\frac{\alpha_1^2}{20}\boldsymbol{P}_1^2,\tag{6.21}$$

$$\boldsymbol{q}_4=\boldsymbol{P}_1^0-\frac{\alpha_1}{5}\boldsymbol{P}_1^1,\quad \boldsymbol{q}_5=\boldsymbol{P}_1^0.\tag{6.22}$$

控制顶点中包含四个参数，它包含着两种特殊情形：当$(\alpha_0,\alpha_1,\beta_0,\beta_1)=(1,1,0,0)$时，这是经典的五次$C^2$插值曲线；记$L$为曲线$\boldsymbol{P}(\theta),\ \theta\in[\theta_0,\theta_1]$的长度，若取

$$\alpha_0=\frac{L}{\|\boldsymbol{P}_0^1\|},\quad \alpha_1=\frac{L}{\|\boldsymbol{P}_1^1\|},\quad \beta_0=-\frac{L^2}{\|\boldsymbol{P}_0^1\|^4}(\boldsymbol{P}_0^1\cdot\boldsymbol{P}_0^2),\quad \beta_1=-\frac{L^2}{\|\boldsymbol{P}_1^1\|^4}(\boldsymbol{P}_1^1\cdot\boldsymbol{P}_1^2),$$

这是拟弧长参数的五次C^2插值曲线[128]。

对于二维曲线来说，如果两条曲线的曲率分布非常接近的话，那么它们的形状其实也会很接近。现在，通过曲率最佳匹配的方式来确定参数$\alpha_0,\alpha_1,\beta_0,\beta_1$的最优值，目的是使待求曲线的曲率分布能够尽量接近原曲线的曲率分布，这不同于常见方法采用最小化曲线之间距离的方式。但是，曲线$\boldsymbol{Q}(t)$的控制顶点是未知的，所以如何建立曲率之间的对应关系是比较困难的事情。解决的方法是利用弧长等分的思想：首先求出一条曲线的长度L，然后在曲线上找到一个点使得曲线从起点到该点的长度为$uL,\ u\in[0,1]$，最后计算曲线在该点处的曲率值。

定义两个曲率分布之间的对应关系为

$$\varepsilon(u) = |\kappa_P(s_P^{-1}(uL_P)) - \kappa_Q(s_Q^{-1}(uL_Q))|, \quad u \in [0,1]. \qquad (6.23)$$

这里,L、s和κ分别表示两条曲线的长度、弧长函数和曲率函数,而参数u表示所占曲线长度的百分比。这其实是把曲率分布近似表示成弧长参数的形式,然后再建立它们之间的对应关系。显然,$\varepsilon(0)=\varepsilon(1)=0$。对于曲线$\boldsymbol{P}(\theta)$来说,它的弧长函数表示为

$$s = s_P(\theta) = \int_{\theta_0}^{\theta} \rho(\psi)\mathrm{d}\psi, \quad s \in [0, L_P],$$

可从公式(6.17)直接得到它的显式表达式;对于任意的$u \in (0,1)$,先求出参数θ的值使得$s_P(\theta)=uL_P$,然后再根据公式(6.16)计算曲率值$\kappa_P(s_P^{-1}(uL_P))=\kappa_P(\theta)$。但是,对于多项式曲线$\boldsymbol{Q}(t)$来说,由于不存在弧长函数的显式表达式,需要使用分段线性逼近的方法[137]来获得曲线上的弧长等分点,即确定参数t的近似值使得$s_Q(t)=uL_Q$,然后再计算曲率值$\kappa_Q(s_Q^{-1}(uL_Q))=\kappa_Q(t)$。

在对应关系(6.23)的基础上,构造曲率最佳匹配的目标函数为

$$\varepsilon_{\text{total}} = \int_0^1 \varepsilon(u)\mathrm{d}u. \qquad (6.24)$$

在上述公式中,被积函数没有采用常见的加平方的做法,因为加平方后被积函数仍是非线性的,而且拟合结果在加平方后反而变得稍微更差些。最后,最优化问题描述为

$$\min_{\alpha_0,\alpha_1,\beta_0,\beta_1} \int_0^1 \varepsilon(u)\mathrm{d}u. \qquad (6.25)$$

由于目标函数高度非线性的特点,采用复合辛普森积分等数值积分法。取u_i为区间$[0,1]$上的均匀等分点:

$$u_i = ih, \ i = 0, 1, \cdots, 2N, \quad h = \frac{1}{2N}.$$

根据复合辛普森求积公式,目标函数(6.24)近似计算为

$$\tilde{\varepsilon}_{\text{total}} = \frac{2h}{3}\sum_{i=1}^{N-1}\varepsilon(u_{2i}) + \frac{4h}{3}\sum_{i=1}^{N}\varepsilon(u_{2i-1}). \qquad (6.26)$$

最后,采用数值迭代法[114]来求解最优化问题(6.25),并取初值为

$(\alpha_0, \alpha_1, \beta_0, \beta_1) = (1, 1, 0, 0)$。在确定四个参数的最优值后，将它们代入到控制顶点的表达式(6.19)—(6.22)，马上得到五次曲线。

下面是一些关于对数型艺术曲线拟合的例子。

例 6.7 考虑定义在$\theta \in [0, \pi]$和$\theta \in [0, \frac{4}{3}\pi]$上的两段对数型艺术曲线，并取不同的$\alpha, \lambda$值：

(1) $\alpha = -1, \lambda = 0.1$； (2) $\alpha = 1, \lambda = 0.25$； (3) $\alpha = 2, \lambda = 0.5$。

图 6.9 和图 6.10 为参考文献[128]方法和本节方法的对比结果，图中上中下分别对应上述的三种情形。为了量化分析这两种拟合方法的精确程度，定义对应点之间的距离为

$$d(u) = \|\boldsymbol{P}(s_P^{-1}(uL_P)) - \boldsymbol{Q}(s_Q^{-1}(uL_Q))\|, \quad u \in [0, 1].$$

表 6.3 和表 6.4 列出这两种方法所得结果的统计数据：$d_{\max}$和d_{avg}表示距离的最大值和平均值，$\varepsilon_{\max}$和ε_{avg}表示曲率偏离的最大值和平均值，ΔL表示长度的误差。从图上和表中数据可看出，本节方法不仅能够生成更接近原曲线的几何形状，而且具有更合理的曲率分布，因此存在明显的优势。

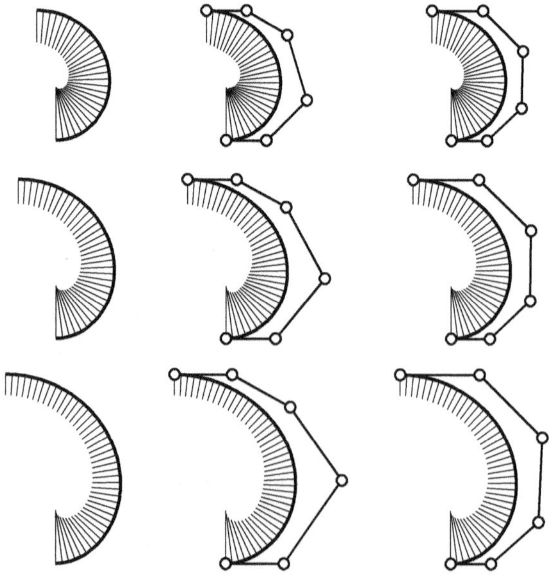

(a) 原曲线　(b) 参考文献[128]　(c) 第 6.3 节

图 6.9　对数型艺术曲线的五次近似表示，$\theta \in [0, \pi]$

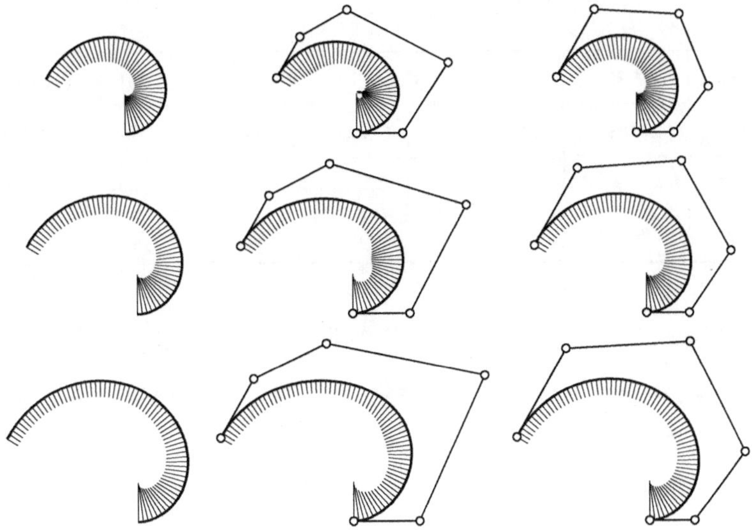

（a）原曲线　（b）参考文献[128]　（c）第 6.3 节

图 6.10　对数型艺术曲线的五次近似表示，$\theta \in [0, \frac{4}{3}\pi]$

表 6.3　参考文献[128]方法得到结果的统计数据

变量	图 6.9(a)	图 6.9(b)	图 6.9(c)	图 6.10(a)	图 6.10(b)	图 6.10(c)
d_{max}	2.363e−2	2.820e−2	6.776e−2	0.1707	0.1727	0.2853
d_{avg}	1.060e−2	1.292e−2	3.148e−2	0.0820	0.0920	0.1356
ε_{max}	4.998e−2	5.273e−2	6.661e−2	0.2392	0.1731	0.1543
ε_{avg}	2.720e−2	2.636e−2	2.958e−2	0.0965	0.0777	0.0669
ΔL	2.357e−2	2.406e−2	8.323e−2	0.1715	0.0976	0.3503

表 6.4　第 6.3 节方法得到结果的统计数据

变量	图 6.9(a)	图 6.9(b)	图 6.9(c)	图 6.10(a)	图 6.10(b)	图 6.10(c)
d_{max}	2.379e−5	4.661e−5	9.305e−5	1.207e−4	8.304e−4	1.500e−3
d_{avg}	1.517e−5	2.957e−5	5.886e−5	6.836e−5	5.400e−4	9.734e−4
ε_{max}	1.354e−4	2.106e−4	3.837e−4	2.928e−4	1.952e−3	3.084e−3
ε_{avg}	3.356e−5	4.551e−5	6.855e−5	1.103e−4	3.805e−4	4.959e−4

续表

变量	图 6.9(a)	图 6.9(b)	图 6.9(c)	图 6.10(a)	图 6.10(b)	图 6.10(c)
ΔL	4.238e-5	8.326e-5	1.662e-4	1.065e-4	2.005e-3	3.578e-3
迭代次数	26	27	27	26	28	29
时间(秒)	5.35	5.58	5.96	5.22	5.79	6.01

因为最优化问题(6.25)的求解须借助数值积分和迭代算法,所以计算量大且耗时较多。但这其实也是非线性优化问题所不能避免的。总体来说,本节方法所得结果更接近于原曲线的几何形状和曲率分布,因此更符合实际问题的应用需求。

例 6.8 考虑定义在 $\theta \in [0, 3\pi]$ 上的一段欧拉螺线,此时 $\alpha = -1, \lambda = 0.05$。为了取得更满意的结果,需要先将欧拉螺线分成在区间 $[0, \pi]$、$[\pi, 2\pi]$ 和 $[2\pi, 3\pi]$ 上的三段。图 6.11 为参考文献[128]方法和本节方法的对比结果,表 6.5 列出相应的统计数据。

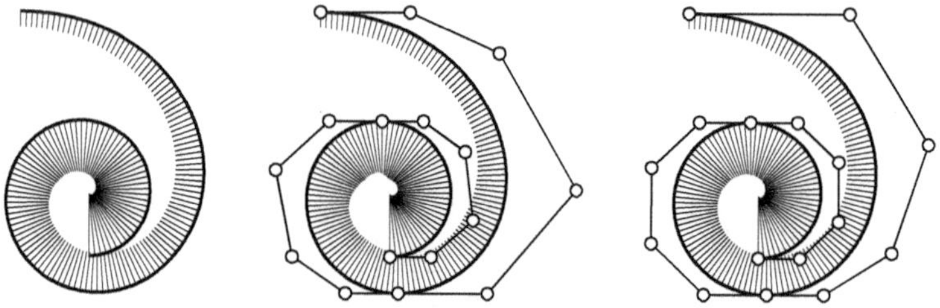

(a) 原曲线　(b) 参考文献[128]　(c) 第 6.3 节

图 6.11 欧拉螺线的五次近似表示

表 6.5 欧拉螺线的统计数据

变量	参考文献[128]			第 6.3 节		
	第 1 段	第 2 段	第 3 段	第 1 段	第 2 段	第 3 段
d_{max}	2.012e-2	2.587e-2	4.759e-2	3.095e-5	3.667e-5	9.823e-5
d_{avg}	9.390e-3	1.186e-2	2.299e-2	1.926e-5	2.315e-5	4.603e-5

续表

变量	参考文献[128]			第6.3节		
	第1段	第2段	第3段	第1段	第2段	第3段
ε_{max}	3.941e-2	3.512e-2	4.343e-2	1.893e-4	1.480e-4	7.579e-4
ε_{avg}	2.346e-2	2.014e-2	2.176e-2	5.791e-5	4.221e-5	3.138e-4
ΔL	2.495e-2	3.020e-2	2.129e-2	5.542e-5	6.662e-5	1.176e-4
迭代次数	非迭代的			26	26	25
时间(秒)	可忽略			5.27	5.38	4.94

6.4　本章小结

本章主要研究了光顺曲线的重构问题。在构造三次 G^1 曲线和五次 G^2 曲线时,使用曲率变化能量作为目标函数,通过约束优化求解来获得光顺曲线。总体来说,曲率变化能量较好衡量了曲线的光顺程度,不仅可生成比较满意的几何形状,而且具有更合理的曲率分布。

作为应用,研究了对数型艺术曲线的五次曲线重构问题。重点在于考虑曲率分布之间的最佳匹配而不是曲线之间的最短距离,目的是使曲线能够拥有跟对数型艺术曲线一样单调变化的曲率分布。许多实例都表明,重构后的曲线有着非常接近的几何形状和曲率分布。

由于多项式曲线不能精确表示圆弧,所以不论是三次还是五次曲线都只能用于近似表示圆弧,否则就要使用有理多项式曲线。另一方面,曲率变化能量是无法保证得到的曲率总是单调变化的,尤其是五次 G^2 曲线只有四个自由度,这本身就是不充分的,导致很多 G^2 数据不存在满足曲率单调变化的解。目标函数都是高度非线性的,因此不可避免地使用了数值积分法和迭代求解算法。希望以后可使用更多的优化技巧,在效率上获得改进。

第七章　三维曲线数据的降阶方法

曲线降阶是要降低输入曲线的次数,即在满足一定的连续约束条件下,寻找低次曲线在某个误差意义下的最佳逼近。降阶方法的研究对降低三维曲线数据的复杂度以及在数据交换和转化时都有重要的应用价值,同时对数值逼近和最优化的理论研究也有促进作用。降阶问题主要关注曲线的接近程度以及在连续性上的形状。

近三十多年来,国内外很多学者对降阶问题开展了大量的研究,涉及Bézier曲线、B样条曲线以及NURBS曲线[138—152]。最初,降阶问题只是被看作升阶变换在数学形式上的逆变换[4]。随着不同CAD造型系统的不断涌现,出现了不同系统之间无法相互兼容的矛盾。比如在数据交换过程中,某些系统可能为了效率对所能处理多项式的最高次数做出严格限制。此时,降阶问题才逐渐成为一个迫切需要解决的热门研究主题。随后,许多学者开始从应用的角度,考虑端点的连续约束条件以及在某些误差意义下的最佳逼近,开展系统深入的研究工作。并且从函数逼近论和数值优化算法中寻找解决方案,提出了许多成熟方法。

综合来说,降阶问题具有很强的实际应用背景:

第一,它是CAD系统之间数据传递与交换等数据处理时的需要。不同系统所能处理多项式的最高次数不尽相同,而有些系统为了运行效率,甚至限于低次多项式的表示形式。这就要求在数据传递前先对曲线进行降阶处理,以使对方系统能够接受。如果可以在误差很小的情况下降低曲线的次数,那么就能够压缩数据的规模,尤其是在处理大规模曲线数据时。

第二,它是计算机图形学领域分段(分片)线性逼近的实际需要。通过与离散相结合的逐次降阶,在误差精度范围内把曲线和曲面离散为直线和平面,实现从连续到离散的转化。离散后的结果可用于图形绘制和求交运算。

第三,它是压缩几何信息的需要。有理曲线的多项式近似曲线、参数曲线的等距曲线、曲面上的复合曲线以及曲面经裁剪后的近似曲线经常会出现次数很高的问题。模型设计和形状重构时,对数据拟合后也会产生高次的曲线,降阶处理可在一定程度上减少数据存储的信息量。

第四,在曲线的光顺处理过程中,也经常涉及降阶处理的需求。实际应用问题中通常会出现一些不够光顺的曲线,在改善曲线光顺程度的同时考虑降阶的需求,重构出次数更低且更光顺的结果。

降阶方法从数学上看大致可分成两大类。第一类是基于控制顶点逼近的几何方法。这类方法主要着重于控制顶点和导矢等几何信息,利用插值、凸线性组合等技巧,通过升阶反过程、近似转化、约束优化和控制顶点扰动等方式进行近似逼近。这类方法大都基于以下考虑:如果对控制顶点只做微小的移动,那么相应的Bézier曲线也会跟随着只做微小的改变。也可以从另外一个角度来理解这类方法,它的研究对象是控制顶点,利用控制顶点的最小偏移来间接地实现曲线次数的降低。因此,通常来说,这类方法都比较简单直观,有些方法存在精度不高的问题。

第二类是基于基变换的代数方法。这类方法利用函数逼近论中诸多正交多项式(如Legendre多项式、Chebyshev多项式和Jacobi多项式)的正交性,能够轻松实现在某些L_p范数意义下的最佳逼近,这刚好弥补了Bernstein多项式在处理逼近问题时的不足。尤其是Jacobi多项式在降阶问题中的广泛使用[148],可获得在端点连续条件下最佳逼近的显式表达式。这类方法的主要步骤是:首先,把曲线的表示形式从Bernstein基转换成某个正交基的形式;然后,在正交基的函数空间里完成最佳逼近;最后,把降阶后的曲线再转回到Bernstein基的形式。然而,基于基变换的降阶方法具有天生的缺陷:曲线的表示形式在转换时要用到基变换矩阵,而基变换矩阵在矩阵维数较高时会出现数值不稳定的现象[16]。

多项式曲线降阶问题:对于给定的一条n次Bézier曲线

$$\boldsymbol{P}(t)=\sum_{i=0}^{n}B_i^n(t)\boldsymbol{p}_i,\quad t\in[0,1],\tag{7.1}$$

需要寻找一条更低m次的Bézier曲线

$$\boldsymbol{Q}(t)=\sum_{i=0}^{m}B_i^m(t)\boldsymbol{q}_i,\quad t\in[0,1],\tag{7.2}$$

也即确定未知的控制顶点$\boldsymbol{q}_i$,使得这两条曲线之间满足一定的连续约束条件以及定义的某个误差函数达到最小。规定次数满足$m<n$。

如果$\boldsymbol{p}_i\in\mathbb{R}^2$,那么讨论的是二维曲线数据的降阶问题;如果$\boldsymbol{p}_i\in\mathbb{R}^3$,那么讨论的是三维曲线数据的降阶问题。

误差函数通常采用基于L_p范数的定义,使用最广泛的是L_2误差(定义为L_2范数的平方)

$$\varepsilon=\int_0^1\|\boldsymbol{P}(t)-\boldsymbol{Q}(t)\|^2\mathrm{d}t.\tag{7.3}$$

L_2误差是未知控制顶点的二次函数,它的偏导数都是一次的,因此在最优化求解时转化为解一个线性方程组,容易获得最优解。

从应用的角度看,曲线$\boldsymbol{Q}(t)$和$\boldsymbol{P}(t)$在两个端点处应满足一定的连续条件。最简单的做法是使用C^ℓ连续的约束,

$$\frac{\mathrm{d}^i\boldsymbol{Q}(0)}{\mathrm{d}t^i}=\frac{\mathrm{d}^i\boldsymbol{P}(0)}{\mathrm{d}t^i},\quad\frac{\mathrm{d}^i\boldsymbol{Q}(1)}{\mathrm{d}t^i}=\frac{\mathrm{d}^i\boldsymbol{P}(1)}{\mathrm{d}t^i},\quad i=0,1,\cdots,\ell.\tag{7.4}$$

因此,曲线$\boldsymbol{Q}(t)$的首尾部分控制顶点被唯一确定下来,它们都是曲线$\boldsymbol{P}(t)$的首尾部分控制顶点的线性组合。另外,更合理的一种做法是使用G^ℓ连续的约束,

$$\frac{\mathrm{d}^i\boldsymbol{Q}(0)}{\mathrm{d}t^i}=\frac{\mathrm{d}^i\boldsymbol{P}(\varphi(0))}{\mathrm{d}t^i},\quad\frac{\mathrm{d}^i\boldsymbol{Q}(1)}{\mathrm{d}t^i}=\frac{\mathrm{d}^i\boldsymbol{P}(\varphi(1))}{\mathrm{d}t^i},\quad i=0,1,\cdots,\ell,\tag{7.5}$$

其中$\varphi(t)$是严格递增的重新参数化函数，满足$\varphi(0)=0$和$\varphi(1)=1$。利用重新参数化提供的自由度，G^ℓ连续约束提供了更多可供优化的参数，这为更进一步地降低L_2误差提供了可行性，因此G^ℓ降阶方法可取得远优于C^ℓ降阶方法的结果。而唯一的代价是，此时的L_2误差变成G^ℓ连续所涉及参数的高次多项式函数，通常不存在显式解，不得不借助数值优化技巧来获得数值解。

1998年，胡事民等[142]从Bézier曲线的退化条件出发，利用控制顶点的最优扰动和拉格朗日乘数法，实现了曲线的降一阶处理。对一条n次曲线的每个控制顶点都移动一个比较小的偏移量$\boldsymbol{d}_i$，那么控制顶点经过扰动后的曲线退化为$n-1$次的充要条件是

$$\sum_{i=0}^{n}(-1)^{n-i}\binom{n}{i}(\boldsymbol{p}_i+\boldsymbol{d}_i)=\mathbf{0}.$$

为了确定所有的$\boldsymbol{d}_i$，使用拉格朗日乘数法来求解条件极值问题：

$$\min\sum_{i=0}^{n}\|\boldsymbol{d}_i\|^2,\quad \text{s.t.}\ \sum_{i=0}^{n}(-1)^{n-i}\binom{n}{i}(\boldsymbol{p}_i+\boldsymbol{d}_i)=\mathbf{0}.$$

类似地，2003年，郑建民和汪国昭[143]考虑了加权的条件极值问题：

$$\min\sum_{i=0}^{n}w_i\|\boldsymbol{d}_i\|^2,\quad \text{s.t.}\ \sum_{i=0}^{n}(-1)^{n-i}\binom{n}{i}(\boldsymbol{p}_i+\boldsymbol{d}_i)=\mathbf{0}.$$

他们利用Jacobi正交多项式在理论上证明了：如果取权因子为

$$w_i=\begin{cases}\dfrac{(i+1)\cdots(i+k)(n-i+1)\cdots(n-i+l)}{(i-k+1)\cdots i(n-i-l+1)\cdots(n-i)}, & k\leqslant i\leqslant n-\ell,\\ 1, & \text{其他},\end{cases}$$

条件极值问题得到的最优解刚好就是原曲线在L_2误差下的最佳逼近，并且曲线在两个端点处分别保持C^{k-1}连续和C^{l-1}连续。几乎在同时，Ahn等[144]也取得了同样的结果。

2002年，陈国栋和王国瑾[145]使用Jacobi正交多项式，获得曲线在端点连续约束和L_2误差下的最佳降阶逼近，该方法首次同时实现了一次性降多阶和满足端点任意阶连续的需求。随后，Sunwoo[146]把他们的方法改写成

矩阵的形式。另外，利用 Bernstein 多项式的对偶基，Woźny 和 Lewanowicz[147]也提出了最佳降阶方法。事实上，在相同端点连续约束的条件下，所有基于 L_2 误差的最佳降阶方法[143—147]从结果上来说都是一样的，尽管在使用的工具、推导过程以及算法步骤上也许会存在差异。

本章研究三维曲线数据的降阶问题，研究了 Bernstein 基的格拉姆矩阵的性质和快速计算方法。针对给定的 Bézier 曲线，考虑在两个端点处 C^ℓ 连续（$\ell \geqslant 0$）以及 G^2 连续的约束，通过最小化 L_2 误差提出 Bézier 曲线的 C^ℓ 降阶算法和 G^2 降阶算法。对于 C^ℓ 降阶问题，目标函数是控制顶点的二次函数，因此经过化简后能够获得显式解。而对于 G^2 降阶问题，由于 G^2 连续的使用导致目标函数是四次的，需借助数值迭代法才能获得最优解。

7.1　Bernstein 基的格拉姆矩阵

令

$$B_i^m(t) = \binom{m}{i}(1-t)^{m-i}t^i, \quad i = 0, 1, \cdots, m,$$

表示 m 次 Bernstein 多项式。定义 $(m+1)\times(n+1)$ 阶矩阵 $G_{mn} = [g_{ij}^{mn}]_{i,j=0}^{m,n}$ 的元素为

$$g_{ij}^{mn} := \left\langle B_i^m, B_j^n \right\rangle = \int_0^1 B_i^m(t)B_j^n(t)\mathrm{d}t = \frac{1}{m+n+1}\binom{m}{i}\binom{n}{j}\binom{m+n}{i+j}^{-1}. \quad (7.6)$$

当 $m = n$ 时，称矩阵 G_{mm} 为 m 次 Bernstein 基的**格拉姆矩阵**（Gramian matrix 或 Gram matrix）。

令 P_m 为定义在区间 $[0, 1]$ 上的 m 次多项式空间，并且令 $P_m^{k,l}$ 表示 P_m 中受约束的一个子空间，它由所有满足在 $t = 0$ 处直到 $k-1$ 阶导数和在 $t = 1$ 处直到 $l-1$ 阶导数都为零的多项式所构成。规定整数 k, l 满足 $k, l \geqslant 0$ 以及 $k + l \leqslant m$。

根据 Bernstein 多项式的零点性质，显然

$$P_m = \mathrm{span}\{B_0^m(t), B_1^m(t), \cdots, B_m^m(t)\},$$
$$P_m^{k,l} = \mathrm{span}\{B_k^m(t), B_{k+1}^m(t), \cdots, B_{m-l}^m(t)\}.$$

根据参考文献[153],多项式空间P_m存在一组对偶基$\{D_i^m(t)\}_{i=0}^m$,以及子空间$P_m^{k,l}$存在一组受约束的对偶基$\{D_i^{m,k,l}(t)\}_{i=k}^{m-l}$,它们分别满足

$$\left\langle D_i^m, B_j^m \right\rangle = \int_0^1 D_i^m(t)B_j^m(t)\mathrm{d}t = \delta_{ij}, \quad i,j = 0, 1, \cdots, m,$$
$$\left\langle D_i^{m,k,l}, B_j^m \right\rangle = \int_0^1 D_i^{m,k,l}(t)B_j^m(t)\mathrm{d}t = \delta_{ij}, \quad i,j = k, k+1, \cdots, m-l.$$

δ_{ij}是Kronecker函数(当且仅当$i = j$时值为1,其他都取值为0)。

记$G_{mm}^{kl} = [g_{ij}^{mm}]_{i,j=k}^{m-l}$为格拉姆矩阵$G_{mm}$的主子矩阵。当$k = l = 0$时,$G_{mm}^{00}$简记为$G_{mm}$。

定理 7.1 格拉姆矩阵G_{mm}是对称正定的。

证 显然$g_{ji}^{mm} = g_{ij}^{mm}$,所以格拉姆矩阵是对称的。根据Bernstein多项式的线性无关性,对于任意$m+1$维的非零向量$\boldsymbol{x} = [x_0, x_1, \cdots, x_m]^T$,

$$\int_0^1 \left(\sum_{i=0}^m B_i^m(t)x_i\right)^2 \mathrm{d}t = \boldsymbol{x}^T G_{mm} \boldsymbol{x} > 0,$$

所以格拉姆矩阵G_{mm}是正定的。□

对于受约束的多项式空间$P_m^{k,l}$,定理7.2和定理7.3表明Bernstein基$\{B_i^m(t)\}_{i=k}^{m-l}$和受约束的对偶基$\{D_i^{m,k,l}(t)\}_{i=k}^{m-l}$之间可以相互转化。并且,格拉姆矩阵$G_{mm}$的主子矩阵$G_{mm}^{kl}$刚好是从受约束的对偶基到Bernstein基的基变换矩阵。

定理 7.2

$$[B_k^m(t), B_{k+1}^m(t), \cdots, B_{m-l}^m(t)]^T = G_{mm}^{kl} \times [D_k^{m,k,l}(t), D_{k+1}^{m,k,l}(t), \cdots, D_{m-l}^{m,k,l}(t)]^T.$$

证 令

$$B_i^m(t) = \sum_{j=k}^{m-l} a_{ij} D_j^{m,k,l}(t), \quad i = k, k+1, \cdots, m-l.$$

于是,从$\left\langle D_h^{m,k,l}, B_j^m \right\rangle = \delta_{hj}$可得,$a_{ij} = \left\langle B_i^m, B_j^m \right\rangle = g_{ij}^{mm}$。所以,系数$a_{ij}$刚好就是矩阵$G_{mm}^{kl}$的元素。□

定理 7.3 (参考文献[153])

$$[D_k^{m,k,l}(t), D_{k+1}^{m,k,l}(t), \cdots, D_{m-l}^{m,k,l}(t)]^T = C_{mm}^{kl} \times [B_k^m(t), B_{k+1}^m(t), \cdots, B_{m-l}^m(t)]^T,$$

其中矩阵 $C_{mm}^{kl} = [c_{ij}(m,k,l)]_{i,j=k}^{m-l}$ 的元素(缩写为 c_{ij})满足如下的递推关系式。第一行的元素为

$$c_{kj} = (-1)^{j-k}(2k+1)\frac{\binom{m-k-l}{j-k}\binom{m+k-l+1}{2k+1}\binom{m+k+l+1}{k+j+1}}{\binom{m}{k}\binom{m}{j}},$$

其中 $j = k, k+1, \cdots, m-l$。第 $i+1 \in \{k+1, k+2, \cdots, m-l\}$ 行的元素为

$$c_{i+1,j} = \frac{1}{A(i)}[2(i-j)(i+j-m)c_{ij} + B(j)c_{i,j-1} + A(j)c_{i,j+1} - B(i)c_{i-1,j}],$$

其中 $j = k, k+1, \cdots, m-l$,以及

$$A(u) = \frac{(u-m)(u-k+1)(u+k+1)}{u+1},$$

$$B(u) = \frac{u(u-m-l-1)(u-m+l-1)}{u-m-1},$$

并且当 $j \notin \{k, k+1, \cdots, m-l\}$ 时,约定 $c_{ij} = 0$。

定理 7.4 矩阵 G_{mm}^{kl} 和 C_{mm}^{kl} 具有如下性质:

(a) $(G_{mm}^{kl})^{-1} = C_{mm}^{kl}, (C_{mm}^{kl})^{-1} = G_{mm}^{kl}$;

(b) G_{mm}^{kl} 和 C_{mm}^{kl} 都是对称正定的;

(c) 当 $k = l$ 时, G_{mm}^{kl} 和 C_{mm}^{kl} 都是关于副对角线对称的。

证 根据定理 7.1、7.2 和 7.3,可得到结论(a)和(b)。

对于(c),令

$$\tilde{G}_{mm}^{kl} := (\tilde{I}G_{mm}^{kl}\tilde{I})^T = \tilde{I}G_{mm}^{kl}\tilde{I}, \quad \tilde{C}_{mm}^{kl} := (\tilde{I}C_{mm}^{kl}\tilde{I})^T = \tilde{I}C_{mm}^{kl}\tilde{I}, \quad \tilde{I} := \begin{bmatrix} & & 1 \\ & \iddots & \\ 1 & & \end{bmatrix},$$

其中 $\tilde{I}$ 是 $(m-k-l+1)$ 阶置换矩阵。当 $k = l$ 时,因为

$$g_{m-j,m-i}^{mm} = g_{ij}^{mm}, \quad \forall i, j = k, k+1, \cdots, m-l,$$

所以 G_{mm}^{kl} 是关于副对角线对称的。于是,

$$\tilde{I}C_{mm}^{kl}\tilde{I}=\tilde{I}(G_{mm}^{kl})^{-1}\tilde{I}=(\tilde{G}_{mm}^{kl})^{-1}=(G_{mm}^{kl})^{-1}=C_{mm}^{kl}\quad\Rightarrow\quad\tilde{C}_{mm}^{kl}=C_{mm}^{kl},$$

这意味着C_{mm}^{kl}也是关于副对角线对称的。□

矩阵G_{mm}^{kl}关于主对角线和副对角线都是对称的，再根据公式(7.6)，矩阵G_{mm}^{kl}的快速计算方法如下。符号$\lfloor x\rfloor$表示不超过x的最大整数。

算法 7.1 矩阵$G_{mm}^{kl}=[g_{ij}^{mm}]_{i,j=k}^{m-l}$的快速计算

情形 1 $(k=l)$

Step1.1 根据公式(7.6)计算g_{ij}^{mm}, $i=k,k+1,\cdots,\lfloor\frac{m}{2}\rfloor$, $j=i,i+1,\cdots,m-i$。

Step1.2 令$g_{ji}^{mm}=g_{ij}^{mm}$, $i=k,k+1,\cdots,\lfloor\frac{m}{2}\rfloor$, $j=i+1,i+2,\cdots,m-i$。

Step1.3 令$g_{m-j,m-i}^{mm}=g_{ij}^{mm}$, $i=k,k+1,\cdots,m-l-1$, $j=k,k+1,\cdots,m-i-1$。

情形 2 $(k>l)$

Step2.1 根据情形1计算或指定g_{ij}^{mm}, $i,j=k,k+1,\cdots,m-k$。

Step2.2 根据公式(7.6)计算g_{ij}^{mm}, $j=m-k+1,m-k+2,\cdots,m-l$, $i=k,k+1,\cdots,j$。

Step2.3 令$g_{ji}^{mm}=g_{ij}^{mm}$, $j=m-k+1,m-k+2,\cdots,m-l$, $i=k,k+1,\cdots,j-1$。

情形 3 $(k<l)$

Step3.1 根据情形1计算或指定g_{ij}^{mm}, $i,j=l,l+1,\cdots,m-l$。

Step3.2 根据公式(7.6)计算g_{ij}^{mm}, $i=k,k+1,\cdots,l-1$, $j=i,i+1,\cdots,m-l$。

Step3.3 令$g_{ji}^{mm}=g_{ij}^{mm}$, $i=k,k+1,\cdots,l-1$, $j=i+1,i+2,\cdots,m-l$。

记矩阵G_{mm}^{kl}的阶数为$\tilde{m}:=m-k-l+1$。算法7.1表明只需计算矩阵G_{mm}^{kl}中的部分元素，而其他更多的元素都是利用对称性直接指定，以避免重复计算。具体地说，当$k=l$时，若$\tilde{m}$是奇数(即，m是偶数)，只需计算$0.25(\tilde{m}+1)^2$个元素，而若$\tilde{m}$是偶数，则只需计算$0.25\tilde{m}(\tilde{m}+2)$个元素。当

$k > l$时，先用情形1计算阶数最大的主子矩阵中的$(m-2k+1)^2$个元素，再用公式(7.6)计算其他的$0.5(k-l)(2m-3k-l+3)$个元素；当$k < l$时，情况是类似的。从应用的角度看，通常会取$k = l$或者$|k-l|$是非常小的整数，因此算法7.1给出的快速计算方法显著降低了计算量，大概是略多于25%的元素。

当$k = l = 0$时，若m是偶数，矩阵G_{mm}的元素中只有$0.25(m+2)^2$个元素需要计算，而若m是奇数，则只需计算$0.25(m+1)(m+3)$个元素。

算法7.2　矩阵$C_{mm}^{kl} = [c_{ij}(m,k,l)]_{i,j=k}^{m-l}$的快速计算

情形1 $(k = l)$

Step1.1　根据定理7.3计算$c_{ij}, i = k, k+1, \cdots, \lfloor \frac{m}{2} \rfloor, j = i, i+1, \cdots, m-i$。

Step1.2　令$c_{ji} = c_{ij}, i = k, k+1, \cdots, \lfloor \frac{m}{2} \rfloor, j = i+1, i+2, \cdots, m-i$。

Step1.3　令$c_{m-j,m-i} = c_{ij}, i = k, k+1, \cdots, m-l-1, j = k, k+1, \cdots, m-i-1$。

情形2 $(k \neq l)$

Step2.1　根据定理7.3计算$c_{ij}, i = k, k+1, \cdots, m-l, j = i, i+1, \cdots, m-l$。

Step2.2　令$c_{ji} = c_{ij}, i = k, k+1, \cdots, m-l-1, j = i+1, i+2, \cdots, m-l$。

当$k = l$时，算法7.2中的情形1和算法7.1中的情形1非常类似，需要计算相同个数的元素。当$k \neq l$时，不同于矩阵G_{mm}^{kl}，矩阵C_{mm}^{kl}所有的主子矩阵都不是关于副对角线对称的，所以须计算$0.5\tilde{m}(\tilde{m}+1)$个元素，大概是略多于50%的元素。

7.2　C^{ℓ}降阶算法

为了叙述简便，将公式(7.1)和(7.2)表示的Bézier曲线改写成向量相乘的形式：

$$\boldsymbol{P}(t) = \boldsymbol{B}_n \boldsymbol{P}_n, \quad \boldsymbol{Q}(t) = \boldsymbol{B}_m \boldsymbol{Q}_m,$$

其中$\boldsymbol{B}_n = [B_0^n(t), B_1^n(t), \cdots, B_n^n(t)]$和$\boldsymbol{B}_m = [B_0^m(t), B_1^m(t), \cdots, B_m^m(t)]$表示

Bernstein基构成的行向量，以及$\boldsymbol{P}_n=[\boldsymbol{p}_0,\boldsymbol{p}_1,\cdots,\boldsymbol{p}_n]^T$和$\boldsymbol{Q}_m=[\boldsymbol{q}_0,\boldsymbol{q}_1,\cdots,\boldsymbol{q}_m]^T$表示控制顶点构成的列向量。

C^ℓ降阶要求降阶后的曲线$\boldsymbol{Q}(t)$和原来的曲线$\boldsymbol{P}(t)$在端点$t=0,1$处满足C^ℓ连续的约束，即条件(7.4)。这里，在两个端点处使用了相同的连续阶约束，其实是可以不同的，并且推导过程也同样很容易。令$\boldsymbol{Q}_m^c:=[\boldsymbol{q}_0,\boldsymbol{q}_1,\cdots,\boldsymbol{q}_\ell,\boldsymbol{q}_{m-\ell},\boldsymbol{q}_{m-\ell+1},\cdots,\boldsymbol{q}_m]^T$表示受约束的控制顶点，也即开始的$\ell+1$个和结束的$\ell+1$个控制顶点。根据条件(7.4)，这些控制顶点完全被唯一确定了，它们的表达式根据Bézier曲线的导矢公式很容易得到。例如，当$\ell=2$时，

$$\boldsymbol{q}_0=\boldsymbol{p}_0,\quad \boldsymbol{q}_1=\boldsymbol{p}_0+\frac{n}{m}(\boldsymbol{p}_1-\boldsymbol{p}_0),$$

$$\boldsymbol{q}_2=\boldsymbol{p}_0+\frac{2n}{m}(\boldsymbol{p}_1-\boldsymbol{p}_0)+\frac{n(n-1)}{m(m-1)}(\boldsymbol{p}_2-2\boldsymbol{p}_1+\boldsymbol{p}_0),$$

$$\boldsymbol{q}_m=\boldsymbol{p}_n,\quad \boldsymbol{q}_{m-1}=\boldsymbol{p}_n-\frac{n}{m}(\boldsymbol{p}_n-\boldsymbol{p}_{n-1}),$$

$$\boldsymbol{q}_{m-2}=\boldsymbol{p}_n-\frac{2n}{m}(\boldsymbol{p}_n-\boldsymbol{p}_{n-1})+\frac{n(n-1)}{m(m-1)}(\boldsymbol{p}_n-2\boldsymbol{p}_{n-1}+\boldsymbol{p}_{n-2}).$$

对于更一般的整数ℓ，$0<\ell<\frac{m}{2}$，定理7.5给出了受约束的控制顶点$\boldsymbol{Q}_m^c$的显式表达式。

定理7.5 给定n次Bézier曲线$\boldsymbol{P}(t)=\sum_{i=0}^{n}B_i^n(t)\boldsymbol{p}_i$，假设$m$次Bézier曲线$\boldsymbol{Q}(t)=\sum_{i=0}^{m}B_i^m(t)\boldsymbol{q}_i$和曲线$\boldsymbol{P}(t)$在两个端点处满足$C^\ell$连续的约束，即

$$\frac{\mathrm{d}^i\boldsymbol{Q}(0)}{\mathrm{d}t^i}=\frac{\mathrm{d}^i\boldsymbol{P}(0)}{\mathrm{d}t^i},\quad \frac{\mathrm{d}^i\boldsymbol{Q}(1)}{\mathrm{d}t^i}=\frac{\mathrm{d}^i\boldsymbol{P}(1)}{\mathrm{d}t^i},\quad i=0,1,\cdots,\ell.$$

那么，曲线$\boldsymbol{Q}(t)$开始(结束)的$\ell+1$个控制顶点是曲线$\boldsymbol{P}(t)$开始(结束)的$\ell+1$个控制顶点的线性组合，

$$\begin{bmatrix} \boldsymbol{q}_0 \\ \boldsymbol{q}_1 \\ \vdots \\ \boldsymbol{q}_\ell \end{bmatrix} = C^{-1}DC\begin{bmatrix} \boldsymbol{p}_0 \\ \boldsymbol{p}_1 \\ \vdots \\ \boldsymbol{p}_\ell \end{bmatrix}, \quad \begin{bmatrix} \boldsymbol{q}_m \\ \boldsymbol{q}_{m-1} \\ \vdots \\ \boldsymbol{q}_{m-\ell} \end{bmatrix} = C^{-1}DC\begin{bmatrix} \boldsymbol{p}_n \\ \boldsymbol{p}_{n-1} \\ \vdots \\ \boldsymbol{p}_{n-\ell} \end{bmatrix},$$

其中矩阵C以及对角矩阵D表示为

$$C = [c_{ij}]_{i,j=0}^{\ell}, \quad c_{ij} = \begin{cases} (-1)^j\binom{i}{j}, & i \geqslant j, \\ 0, & i < j, \end{cases}$$

$$D = \mathrm{diag}\left(1, \frac{n}{m}, \cdots, \frac{n(n-1)\cdots(n-\ell+1)}{m(m-1)\cdots(m-\ell+1)}\right).$$

证　从两条Bézier曲线的C^ℓ连续条件,可得

$$\frac{m!}{(m-i)!}\sum_{j=0}^{i}(-1)^j\binom{i}{j}\boldsymbol{q}_j = \frac{n!}{(n-i)!}\sum_{j=0}^{i}(-1)^j\binom{i}{j}\boldsymbol{p}_j, \quad i = 0, 1, \cdots, \ell,$$

$$\frac{m!}{(m-i)!}\sum_{j=0}^{i}(-1)^j\binom{i}{j}\boldsymbol{q}_{m-j} = \frac{n!}{(n-i)!}\sum_{j=0}^{i}(-1)^j\binom{i}{j}\boldsymbol{p}_{n-j}, \quad i = 0, 1, \cdots, \ell.$$

将上述等式改写成矩阵的形式：

$$D_1C\begin{bmatrix} \boldsymbol{q}_0 \\ \boldsymbol{q}_1 \\ \vdots \\ \boldsymbol{q}_\ell \end{bmatrix} = D_2C\begin{bmatrix} \boldsymbol{p}_0 \\ \boldsymbol{p}_1 \\ \vdots \\ \boldsymbol{p}_\ell \end{bmatrix}, \quad D_1C\begin{bmatrix} \boldsymbol{q}_m \\ \boldsymbol{q}_{m-1} \\ \vdots \\ \boldsymbol{q}_{m-\ell} \end{bmatrix} = D_2C\begin{bmatrix} \boldsymbol{p}_n \\ \boldsymbol{p}_{n-1} \\ \vdots \\ \boldsymbol{p}_{n-\ell} \end{bmatrix},$$

其中 $D_1 = \mathrm{diag}(1, m, \cdots, m(m-1)\cdots(m-\ell+1))$,　$D_2 = \mathrm{diag}(1, n, \cdots, n(n-1)\cdots(n-\ell+1)$。化简后即得到结论。□

令$\boldsymbol{Q}_m^f := [\boldsymbol{q}_{\ell+1}, \boldsymbol{q}_{\ell+2}, \cdots, \boldsymbol{q}_{m-\ell-1}]^T$表示无约束的控制顶点,它由其他内部所有的控制顶点所组成。只要确定$\boldsymbol{Q}_m^f$,就能得到降阶后的曲线。

将受约束的控制顶点$\boldsymbol{Q}_m^c$从$\boldsymbol{Q}_m$中分离开来后,曲线$\boldsymbol{Q}(t)$改写为两部分的和：

$$\boldsymbol{Q}(t) = \sum_{i=0}^{\ell}B_i^m(t)\boldsymbol{q}_i + \sum_{i=m-\ell}^{m}B_i^m(t)\boldsymbol{q}_i + \sum_{i=\ell+1}^{m-\ell-1}B_i^m(t)\boldsymbol{q}_i = \boldsymbol{B}_m^c\boldsymbol{Q}_m^c + \boldsymbol{B}_m^f\boldsymbol{Q}_m^f,$$

其中$\boldsymbol{B}_m$被分成两部分

$$B_m^c = [B_0^m(t), B_1^m(t), \cdots, B_\ell^m(t), B_{m-\ell}^m(t), B_{m-\ell+1}^m(t), \cdots, B_m^m(t)],$$
$$B_m^f = [B_{\ell+1}^m(t), B_{\ell+2}^m(t), \cdots, B_{m-\ell-1}^m(t)].$$

于是,L_2误差(7.3)展开为

$$\begin{aligned}\varepsilon &= \int_0^1 \|\boldsymbol{B}_n\boldsymbol{P}_n - \boldsymbol{B}_m^c\boldsymbol{Q}_m^c - \boldsymbol{B}_m^f\boldsymbol{Q}_m^f\|^2 \mathrm{d}t \\ &= (\boldsymbol{P}_n)^T G_{nn}\boldsymbol{P}_n - 2(\boldsymbol{Q}_m^c)^T G_{mn}^c\boldsymbol{P}_n - 2(\boldsymbol{Q}_m^f)^T G_{mn}^f\boldsymbol{P}_n \\ &\quad +(\boldsymbol{Q}_m^c)^T G_{mm}^{cc}\boldsymbol{Q}_m^c + 2(\boldsymbol{Q}_m^f)^T G_{mm}^{fc}\boldsymbol{Q}_m^c + (\boldsymbol{Q}_m^f)^T G_{mm}^{ff}\boldsymbol{Q}_m^f,\end{aligned} \tag{7.7}$$

其中

$$G_{mn}^c := G_{mn}(0, 1, \cdots, \ell, m-\ell, m-\ell+1, \cdots, m;\ 0, 1, \cdots, n),$$
$$G_{mn}^f := G_{mn}(\ell+1, \ell+2, \cdots, m-\ell-1;\ 0, 1, \cdots, n),$$
$$G_{mm}^{cc} := G_{mm}(0, 1, \cdots, \ell, m-\ell, m-\ell+1, \cdots, m;\ 0, 1, \cdots, \ell, m-\ell, m-\ell+1, \cdots, m),$$
$$G_{mm}^{fc} := G_{mm}(\ell+1, \ell+2, \cdots, m-\ell-1;\ 0, 1, \cdots, \ell, m-\ell, m-\ell+1, \cdots, m),$$
$$G_{mm}^{ff} := G_{mm}(\ell+1, \ell+2, \cdots, m-\ell-1;\ \ell+1, \ell+2, \cdots, m-\ell-1).$$

这里,符号$G(\cdots;\ \cdots)$表示从矩阵G中抽取指定的行和列后所形成的子矩阵。

显然,ε是$\boldsymbol{Q}_m^f$的二次函数。为了取得最小值,令所有的偏导数都等于零,整理后得到线性方程组

$$G_{mm}^{ff}\boldsymbol{Q}_m^f = G_{mn}^f\boldsymbol{P}_n - G_{mm}^{fc}\boldsymbol{Q}_m^c.$$

因为格拉姆矩阵G_{mm}是对阵正定的,所以它的主子矩阵G_{mm}^{ff}也是对称正定的。那么,当ε达到最小值时,控制顶点$\boldsymbol{Q}_m^f$表示为

$$\boldsymbol{Q}_m^f = (G_{mm}^{ff})^{-1}(G_{mn}^f\boldsymbol{P}_n - G_{mm}^{fc}\boldsymbol{Q}_m^c). \tag{7.8}$$

综上所述,算法总结如下。

算法 7.3 C^ℓ降阶

输入 n次Bézier曲线的控制顶点$\{\boldsymbol{p}_i\}_{i=0}^n$,次数$m$。

输出 m次Bézier曲线的控制顶点$\{\boldsymbol{q}_i\}_{i=0}^m$,$L_2$误差。

Step1 根据C^ℓ连续约束条件(7.4)计算相关的控制顶点$\boldsymbol{Q}_m^c$,用公式(7.8)计算其他的控制顶点$\boldsymbol{Q}_m^f$。

Step2 用公式(7.3)计算L_2误差。

7.3　G^1降阶算法

G^1降阶要求降阶后的曲线$\boldsymbol{Q}(t)$和原来的曲线$\boldsymbol{P}(t)$在端点$t=0,1$处满足G^1连续的约束。根据条件(7.5),得到

$$\boldsymbol{Q}(0)=\boldsymbol{P}(0),\quad \boldsymbol{Q}'(0)=\alpha_0\boldsymbol{P}'(0),$$
$$\boldsymbol{Q}(1)=\boldsymbol{P}(1),\quad \boldsymbol{Q}'(1)=\alpha_1\boldsymbol{P}'(1),$$

其中$\alpha_0,\ \alpha_1\in\mathbb{R}$是待定的参数。因此,$G^1$连续相关的控制顶点表示为

$$\boldsymbol{q}_0=\boldsymbol{p}_0,\quad \boldsymbol{q}_1=\boldsymbol{p}_0+\alpha_0\boldsymbol{v}_0,\quad \boldsymbol{q}_{m-1}=\boldsymbol{p}_n+\alpha_1\boldsymbol{v}_1,\quad \boldsymbol{q}_m=\boldsymbol{p}_n,\qquad(7.9)$$

其中

$$\boldsymbol{v}_0=\frac{n}{m}(\boldsymbol{p}_1-\boldsymbol{p}_0),\quad \boldsymbol{v}_1=-\frac{n}{m}(\boldsymbol{p}_n-\boldsymbol{p}_{n-1}).$$

如果参数固定为$\alpha_0=\alpha_1=1$,那么这就是G^1降阶问题。G^1连续约束提供了两个额外的自由参数,通过最小化L_2误差来确定参数的最优值,从而获得降阶后曲线的表达式。

令$\boldsymbol{Q}_m^c:=[\boldsymbol{q}_0,\boldsymbol{q}_1,\boldsymbol{q}_{m-1},\boldsymbol{q}_m]^T$表示受约束的控制顶点,以及令$\boldsymbol{Q}_m^f:=[\boldsymbol{q}_2,\boldsymbol{q}_3,\cdots,\boldsymbol{q}_{m-2}]^T$表示无约束的控制顶点。根据公式(7.9),控制顶点$\boldsymbol{Q}_m^c$是参数$\alpha_0,\ \alpha_1$的一次函数。再根据公式(7.8),控制顶点$\boldsymbol{Q}_m^f$是$\boldsymbol{Q}_m^c$的一次函数,那么化简后最终也是$\alpha_0,\ \alpha_1$的一次函数。所以L_2误差是参数$\alpha_0,\ \alpha_1$的二次函数,只要确定它们的最优值就能得到所有的控制顶点。

需要注意的是,在使用公式(7.7)和(7.8)时,约定$\ell=1$。

现在,把L_2误差表示成二次模型的形式:

$$\varepsilon(\alpha_0,\alpha_1)=\frac{1}{2}\begin{bmatrix}\alpha_0 & \alpha_1\end{bmatrix}\begin{bmatrix}a_{00} & a_{01}\\ a_{10} & a_{11}\end{bmatrix}\begin{bmatrix}\alpha_0\\ \alpha_1\end{bmatrix}+\begin{bmatrix}b_0 & b_1\end{bmatrix}\begin{bmatrix}\alpha_0\\ \alpha_1\end{bmatrix}+c,\qquad(7.10)$$

其中系数$a_{ij},\ b_i$是常数,而c是不影响优化结果且可忽略的某个常数。

系数$a_{ij},\ b_i$的推导过程如下。将$\boldsymbol{Q}_m^c$和$\boldsymbol{Q}_m^f$看作一个整体,从公式(7.7),得到

$$\frac{\partial \varepsilon}{\partial \boldsymbol{Q}_m^c} = -2G_{mn}^c \boldsymbol{P}_n + 2(G_{mm}^{fc})^T \boldsymbol{Q}_m^f + 2G_{mm}^{cc} \boldsymbol{Q}_m^c,$$

$$\frac{\partial \varepsilon}{\partial \boldsymbol{Q}_m^f} = -2G_{mn}^f \boldsymbol{P}_n + 2G_{mm}^{fc} \boldsymbol{Q}_m^c + 2G_{mm}^{ff} \boldsymbol{Q}_m^f.$$

再从公式(7.8)和(7.9),得到

$$\frac{\partial \boldsymbol{Q}_m^c}{\partial \alpha_0} = [\mathbf{0} \quad \boldsymbol{v}_0 \quad \mathbf{0} \quad \mathbf{0}]^T, \quad \frac{\partial \boldsymbol{Q}_m^f}{\partial \alpha_0} = -(G_{mm}^{ff})^{-1} G_{mm}^{fc} [\mathbf{0} \quad \boldsymbol{v}_0 \quad \mathbf{0} \quad \mathbf{0}]^T,$$

$$\frac{\partial \boldsymbol{Q}_m^c}{\partial \alpha_1} = [\mathbf{0} \quad \mathbf{0} \quad \boldsymbol{v}_1 \quad \mathbf{0}]^T, \quad \frac{\partial \boldsymbol{Q}_m^f}{\partial \alpha_1} = -(G_{mm}^{ff})^{-1} G_{mm}^{fc} [\mathbf{0} \quad \mathbf{0} \quad \boldsymbol{v}_1 \quad \mathbf{0}]^T.$$

最后,根据链式法则,得到函数ε关于α_0, α_1的偏导数

$$\frac{\partial \varepsilon}{\partial \alpha_0} = 2\boldsymbol{A} \cdot [\mathbf{0} \quad \boldsymbol{v}_0 \quad \mathbf{0} \quad \mathbf{0}]^T, \quad \frac{\partial \varepsilon}{\partial \alpha_1} = 2\boldsymbol{A} \cdot [\mathbf{0} \quad \mathbf{0} \quad \boldsymbol{v}_1 \quad \mathbf{0}]^T, \tag{7.11}$$

其中

$$\boldsymbol{A} = (G_{mm}^{cc} - (G_{mm}^{fc})^T (G_{mm}^{ff})^{-1} G_{mm}^{fc}) \boldsymbol{Q}_m^c - G_{mn}^c \boldsymbol{P}_n + (G_{mm}^{fc})^T (G_{mm}^{ff})^{-1} G_{mn}^f \boldsymbol{P}_n.$$

根据公式(7.10)和(7.11),得到系数

$$b_0 = \frac{\partial \varepsilon}{\partial \alpha_0}(0,0), \quad b_1 = \frac{\partial \varepsilon}{\partial \alpha_1}(0,0) \tag{7.12}$$

以及Hessian矩阵

$$\nabla^2 \varepsilon = \begin{bmatrix} a_{00} & a_{01} \\ a_{10} & a_{11} \end{bmatrix} = \begin{bmatrix} 2w_{11} \boldsymbol{v}_0 \cdot \boldsymbol{v}_0 & 2w_{12} \boldsymbol{v}_0 \cdot \boldsymbol{v}_1 \\ 2w_{21} \boldsymbol{v}_1 \cdot \boldsymbol{v}_0 & 2w_{22} \boldsymbol{v}_1 \cdot \boldsymbol{v}_1 \end{bmatrix}, \tag{7.13}$$

其中w_{ij}是四阶对称矩阵W的部分元素,

$$W = [w_{ij}]_{i,j=0}^3 := G_{mm}^{cc} - (G_{mm}^{fc})^T (G_{mm}^{ff})^{-1} G_{mm}^{fc}.$$

定理 7.6 如果公式(7.9)中的$\boldsymbol{v}_0$, $\boldsymbol{v}_1$都是非零向量,那么系数由公式(7.12)和(7.13)表示的二次模型(7.10)具有唯一的最小值,此时参数取为

$$\alpha_0 = \frac{-a_{11} b_0 + a_{01} b_1}{a_{00} a_{11} - a_{01}^2}, \quad \alpha_1 = \frac{a_{10} b_0 - a_{00} b_1}{a_{00} a_{11} - a_{01}^2}. \tag{7.14}$$

证 令

$$W_{12} = \begin{bmatrix} w_{11} & w_{12} \\ w_{21} & w_{22} \end{bmatrix}, \quad V = \begin{bmatrix} \boldsymbol{v}_0 \cdot \boldsymbol{v}_0 & \boldsymbol{v}_0 \cdot \boldsymbol{v}_1 \\ \boldsymbol{v}_1 \cdot \boldsymbol{v}_0 & \boldsymbol{v}_1 \cdot \boldsymbol{v}_1 \end{bmatrix},$$

其中 W_{12} 是矩阵 $W=[w_{ij}]_{i,j=0}^{3}:=G_{mm}^{cc}-(G_{mm}^{fc})^{T}(G_{mm}^{ff})^{-1}G_{mm}^{fc}$ 的主子矩阵。根据参考文献[79]中的定理7.7.7，矩阵 W 是对阵正定的，所以 W_{12} 也是。显然，矩阵 V 是对称半正定的。再利用Oppenheim-Schur不等式（参考文献[79]中的定理7.8.16），可得

$$|\nabla^2\varepsilon| = |2W_{12}\circ V| \geqslant 4|W_{12}|\cdot\|\boldsymbol{v}_0\|^2\cdot\|\boldsymbol{v}_1\|^2 > 0.$$

因此，Hessian矩阵 $\nabla^2\varepsilon$ 是正定的。这意味着二次模型(7.10)是凸函数，它的唯一解可通过求解方程 $\nabla\varepsilon=\mathbf{0}$ 而得到，即

$$\begin{cases}\dfrac{\partial\varepsilon}{\partial\alpha_0}=a_{00}\alpha_0+a_{01}\alpha_1+b_0=0,\\[2ex]\dfrac{\partial\varepsilon}{\partial\alpha_1}=a_{10}\alpha_0+a_{11}\alpha_1+b_1=0.\end{cases}$$

最后，得到唯一解的表达式。□

综上所述，算法总结如下。

算法7.4　G^1 降阶

输入　n 次Bézier曲线的控制顶点 $\{\boldsymbol{p}_i\}_{i=0}^{n}$，次数 m。

输出　m 次Bézier曲线的控制顶点 $\{\boldsymbol{q}_i\}_{i=0}^{m}$，$L_2$ 误差。

Step1　用公式(7.12)计算系数 $b_0,\ b_1$，用公式(7.13)计算系数矩阵 $[a_{ij}]_{i,j=0}^{1}$。

Step2　用公式(7.14)计算参数 $\alpha_0,\ \alpha_1$。用公式(7.8)和(7.9)计算控制顶点 $\boldsymbol{Q}_m^c$ 和 $\boldsymbol{Q}_m^f$。

Step3　用公式(7.3)计算 L_2 误差。

7.4　G^2 降阶算法

G^2 降阶要求降阶后的曲线 $\boldsymbol{Q}(t)$ 和原来的曲线 $\boldsymbol{P}(t)$ 在端点 $t=0,1$ 处满足 G^2 连续的约束。根据条件(7.5)，得到

$$\boldsymbol{Q}(0)=\boldsymbol{P}(0),\quad \boldsymbol{Q}'(0)=\alpha_0\boldsymbol{P}'(0),\quad \boldsymbol{Q}''(0)=\alpha_0^2\boldsymbol{P}''(0)+\beta_0\boldsymbol{P}'(0),$$
$$\boldsymbol{Q}(1)=\boldsymbol{P}(1),\quad \boldsymbol{Q}'(1)=\alpha_1\boldsymbol{P}'(1),\quad \boldsymbol{Q}''(1)=\alpha_1^2\boldsymbol{P}''(1)+\beta_1\boldsymbol{P}'(1),$$

其中$\alpha_0, \alpha_1, \beta_0, \beta_1 \in \mathbb{R}$是待定的参数。因此，$G^2$连续相关的控制顶点表示为

$$\boldsymbol{q}_0 = \boldsymbol{p}_0, \quad \boldsymbol{q}_1 = \boldsymbol{p}_0 + \frac{n}{m}\alpha_0(\boldsymbol{p}_1 - \boldsymbol{p}_0), \tag{7.15}$$

$$\begin{aligned}\boldsymbol{q}_2 = \boldsymbol{p}_0 &+ \frac{2n}{m}\alpha_0(\boldsymbol{p}_1 - \boldsymbol{p}_0) + \frac{n(n-1)}{m(m-1)}\alpha_0^2(\boldsymbol{p}_2 - 2\boldsymbol{p}_1 + \boldsymbol{p}_0)\\ &+ \frac{n}{m(m-1)}\beta_0(\boldsymbol{p}_1 - \boldsymbol{p}_0),\end{aligned} \tag{7.16}$$

$$\boldsymbol{q}_m = \boldsymbol{p}_n, \quad \boldsymbol{q}_{m-1} = \boldsymbol{p}_n - \frac{n}{m}\alpha_1(\boldsymbol{p}_n - \boldsymbol{p}_{n-1}), \tag{7.17}$$

$$\begin{aligned}\boldsymbol{q}_{m-2} = \boldsymbol{p}_n &- \frac{2n}{m}\alpha_1(\boldsymbol{p}_n - \boldsymbol{p}_{n-1}) + \frac{n(n-1)}{m(m-1)}\alpha_1^2(\boldsymbol{p}_n - 2\boldsymbol{p}_{n-1} + \boldsymbol{p}_{n-2})\\ &+ \frac{n}{m(m-1)}\beta_1(\boldsymbol{p}_n - \boldsymbol{p}_{n-1}).\end{aligned} \tag{7.18}$$

如果参数固定为$\alpha_0 = \alpha_1 = 1$和$\beta_0 = \beta_1 = 0$，那么这就是G^2降阶问题。G^2连续约束提供了四个额外的自由参数，通过最小化L_2误差来确定参数的最优值，从而获得降阶后曲线的表达式。此时，最优化问题的求解难度要远大于G^1降阶问题。

端点G^2连续的约束保证了近似曲线能够保留原曲线在端点的位置、切向和曲率值。并且，它主要有两个方面的优点：

(1)从逼近误差的角度来分析，G^2降阶方法可获得比传统的G^2降阶方法更小的误差。相对于G^2连续，G^2连续提供了四个额外的参数。在优化求解时，利用这些参数可更进一步降低误差。

(2)从实用性的角度来分析，G^2降阶方法更少地依赖于曲线参数化的选择。在实际应用中，尽管曲线形状是一样的，但是所采用的参数化形式却可以是多种多样的。此外，引入参数变换来实现重新参数化也是经常使用的手段。因此，G^2连续约束可最大程度降低不同参数化形式对误差的影响。

令$\boldsymbol{Q}_m^c := [\boldsymbol{q}_0, \boldsymbol{q}_1, \boldsymbol{q}_2, \boldsymbol{q}_{m-2}, \boldsymbol{q}_{m-1}, \boldsymbol{q}_m]^T$表示受约束的控制顶点，以及令

$\boldsymbol{Q}_m^f := [\boldsymbol{q}_3, \boldsymbol{q}_4, \cdots, \boldsymbol{q}_{m-3}]^T$表示无约束的控制顶点。

从表面上看，需要通过最小化L_2误差来确定未知参数α_0, α_1, β_0, β_1以及控制顶点$\boldsymbol{Q}_m^f$，即

$$\min\{\varepsilon := \varepsilon(\alpha_0, \alpha_1, \beta_0, \beta_1, \boldsymbol{Q}_m^f)\}.$$

但实际上，经过如下三个步骤对目标函数做进一步的简化：

(1)把控制顶点$\boldsymbol{q}_i$表示为$\boldsymbol{q}_i = \boldsymbol{q}_i(\alpha_0, \alpha_1, \beta_0, \beta_1), i = 3, 4, \cdots, m-3$。$\boldsymbol{q}_i$都是$\alpha_0, \alpha_1$的二次和$\beta_0$, β_1的一次函数。

(2)把β_0, β_1表示为$\beta_0 = \beta_0(\alpha_0, \alpha_1), \beta_1 = \beta_1(\alpha_0, \alpha_1)$。$\beta_0, \beta_1$都是$\alpha_0, \alpha_1$的二次函数。

(3)把L_2误差表示为$\varepsilon = \varepsilon(\alpha_0, \alpha_1)$。$\varepsilon$是$\alpha_0, \alpha_1$的四次函数。

在第一步，使用公式(7.8)，把$\boldsymbol{Q}_m^f$表示成$\boldsymbol{Q}_m^c$的一次函数。需要注意的是，在使用公式(7.7)和(7.8)时，约定$\ell = 2$。从公式(7.15)—(7.18)可知，$\boldsymbol{q}_1$是α_0的一次函数，$\boldsymbol{q}_2$是α_0的二次和β_0的一次函数，$\boldsymbol{q}_{m-1}$是α_1的一次函数，$\boldsymbol{q}_{m-2}$是α_1的二次和β_1的一次函数。因此，$\boldsymbol{q}_i, i = 3, 4, \cdots, m-3$，都是$\alpha_0, \alpha_1$的二次和$\beta_0, \beta_1$的一次函数。

在第二步，把公式(7.8)代入公式(7.7)后，ε是$\alpha_0, \alpha_1, \beta_0, \beta_1$的四次函数。更具体地说，$\varepsilon$的表达式为

$$\begin{aligned}\varepsilon(\alpha_0, \alpha_1, \beta_0, \beta_1) = \frac{1}{2}\begin{bmatrix}\beta_0 & \beta_1\end{bmatrix}\begin{bmatrix}a_{00} & a_{01} \\ a_{10} & a_{11}\end{bmatrix}\begin{bmatrix}\beta_0 \\ \beta_1\end{bmatrix} \\ +\beta_0 b_0(\alpha_0, \alpha_1) + \beta_1 b_1(\alpha_0, \alpha_1) + c(\alpha_0, \alpha_1),\end{aligned} \tag{7.19}$$

其中系数a_{ij}是常数，b_0, b_1是α_0, α_1的二次函数，以及$c(\alpha_0, \alpha_1)$是仅依赖于α_0, α_1的四次函数。从公式(7.8)和(7.15)—(7.18)，得到

$$\frac{\partial \boldsymbol{Q}_m^c}{\partial \beta_0} = [0 \quad 0 \quad v_0 \quad 0 \quad 0 \quad 0]^T, \quad \frac{\partial \boldsymbol{Q}_m^f}{\partial \beta_0} = -(G_{mm}^{ff})^{-1} G_{mm}^{fc}[0 \quad 0 \quad v_0 \quad 0 \quad 0 \quad 0]^T,$$

$$\frac{\partial \boldsymbol{Q}_m^c}{\partial \beta_1} = [0 \quad 0 \quad 0 \quad v_1 \quad 0 \quad 0]^T, \quad \frac{\partial \boldsymbol{Q}_m^f}{\partial \beta_1} = -(G_{mm}^{ff})^{-1} G_{mm}^{fc}[0 \quad 0 \quad 0 \quad v_1 \quad 0 \quad 0]^T,$$

其中

$$\boldsymbol{v}_0 = \frac{n}{m(m-1)}(\boldsymbol{p}_1 - \boldsymbol{p}_0), \quad \boldsymbol{v}_1 = \frac{n}{m(m-1)}(\boldsymbol{p}_n - \boldsymbol{p}_{n-1}).$$

最后，根据链式法则，得到函数ε关于β_0, β_1的偏导数

$$\frac{\partial\varepsilon}{\partial\beta_0} = 2\boldsymbol{A}\cdot[\boldsymbol{0} \quad \boldsymbol{0} \quad \boldsymbol{v}_0 \quad \boldsymbol{0} \quad \boldsymbol{0} \quad \boldsymbol{0}]^T,$$
$$\frac{\partial\varepsilon}{\partial\beta_1} = 2\boldsymbol{A}\cdot[\boldsymbol{0} \quad \boldsymbol{0} \quad \boldsymbol{0} \quad \boldsymbol{v}_1 \quad \boldsymbol{0} \quad \boldsymbol{0}]^T, \tag{7.20}$$

其中

$$\boldsymbol{A} = (G_{mm}^{cc} - (G_{mm}^{fc})^T(G_{mm}^{ff})^{-1}G_{mm}^{fc})\boldsymbol{Q}_m^c - G_{mn}^c\boldsymbol{P}_n + (G_{mm}^{fc})^T(G_{mm}^{ff})^{-1}G_{mn}^f\boldsymbol{P}_n.$$

根据公式(7.19)和(7.20)，得到

$$b_0(\alpha_0, \alpha_1) = \frac{\partial\varepsilon}{\partial\beta_0}(\alpha_0, \alpha_1, 0, 0), \quad b_1(\alpha_0, \alpha_1) = \frac{\partial\varepsilon}{\partial\beta_1}(\alpha_0, \alpha_1, 0, 0) \tag{7.21}$$

以及

$$\begin{bmatrix} a_{00} & a_{01} \\ a_{10} & a_{11} \end{bmatrix} = \begin{bmatrix} \dfrac{\partial^2\varepsilon}{\partial\beta_0^2} & \dfrac{\partial^2\varepsilon}{\partial\beta_0\partial\beta_1} \\ \dfrac{\partial^2\varepsilon}{\partial\beta_1\partial\beta_0} & \dfrac{\partial^2\varepsilon}{\partial\beta_1^2} \end{bmatrix} = \begin{bmatrix} 2w_{22}\boldsymbol{v}_0\cdot\boldsymbol{v}_0 & 2w_{23}\boldsymbol{v}_0\cdot\boldsymbol{v}_1 \\ 2w_{32}\boldsymbol{v}_1\cdot\boldsymbol{v}_0 & 2w_{33}\boldsymbol{v}_1\cdot\boldsymbol{v}_1 \end{bmatrix}, \tag{7.22}$$

其中w_{ij}是六阶对称矩阵W的部分元素，

$$W = [w_{ij}]_{i,j=0}^5 := G_{mm}^{cc} - (G_{mm}^{fc})^T(G_{mm}^{ff})^{-1}G_{mm}^{fc}.$$

类似于定理7.6的证明，可证明矩阵$[a_{ij}]_{i,j=0}^1$是对称正定的。通过方程组$\dfrac{\partial\varepsilon}{\partial\beta_0} = \dfrac{\partial\varepsilon}{\partial\beta_1} = 0$，可解得

$$\beta_0 = \frac{-a_{11}b_0(\alpha_0, \alpha_1) + a_{01}b_1(\alpha_0, \alpha_1)}{a_{00}a_{11} - a_{01}^2},$$
$$\beta_1 = \frac{a_{10}b_0(\alpha_0, \alpha_1) - a_{00}b_1(\alpha_0, \alpha_1)}{a_{00}a_{11} - a_{01}^2}. \tag{7.23}$$

因此，β_0,β_1是α_0,α_1的二次函数。

在第三步，把公式(7.23)代入公式(7.19)后，ε最终表示为α_0,α_1的四次函数。虽然写不出它的具体表达式，但函数的复合关系还是比较简单的，也可使用matlab等数学软件进行函数代入和计算。

经过上述三个步骤的化简后，最小化问题最终转变为

$$\min_{\alpha_0,\alpha_1}\ \{\hat{\varepsilon} := \varepsilon(\alpha_0,\alpha_1,\beta_0(\alpha_0,\alpha_1),\beta_1(\alpha_0,\alpha_1))\},\quad \text{s.t. } (\alpha_0,\alpha_1)\in D. \tag{7.24}$$

D是参数(α_0,α_1)的可行域，其定义为

$$D=\left\{(\alpha_0,\alpha_1)\in\mathbb{R}^2:\ 0<l_0\leqslant\alpha_0\leqslant u_0,\ 0<l_1\leqslant\alpha_1\leqslant u_1\right\}.$$

可行域的作用是限定参数(α_0,α_1)的范围，并且确保在端点处的切向保持不变。由于目标函数是α_0,α_1的四次函数，很容易计算它的梯度和Hessian矩阵，可使用投影牛顿法[154]求解带约束的最小化问题(7.24)。

综上所述，算法总结如下。

算法7.5　G^2降阶

输入　n次Bézier曲线的控制顶点$\{\boldsymbol{p}_i\}_{i=0}^n$，次数$m$。

输出　m次Bézier曲线的控制顶点$\{\boldsymbol{q}_i\}_{i=0}^m$，$L_2$误差。

Step1　使用投影牛顿法求解带约束的最小化问题(7.24)，得到α_0,α_1的最优值。把α_0,α_1代入到公式(7.21)—(7.23)后，得到β_0,β_1的最优值。

Step2　用公式(7.8)和(7.15)—(7.18)计算控制顶点$\boldsymbol{Q}_m^c$和$\boldsymbol{Q}_m^f$。

Step3　用公式(7.3)计算L_2误差。

7.5　实例与应用

下面是一些关于Bézier曲线降阶的例子。

例7.1　阿尔法曲线(形状为希腊字母α)是一条十一次的Bézier曲线，其控制顶点为{(12.1,9.9),(9.9,0.8),(2.3,−5.7),(−8.5,−0.9),(−0.3,12),

(2.7,14.6),(11.9,16),(11.3,10.7),(8.6,5.2),(6.1,-2.9),(11.3,4),(11.8,2.4)}。图7.1为阿尔法曲线的降阶结果,原来的阿尔法曲线用灰色实线显示,G^1降阶的结果用黑色虚线显示,G^2降阶的结果用黑色点线显示。当$m=7$时,从图上已经很难看出这两个方法的差别。表7.1列出相关的L_2误差。

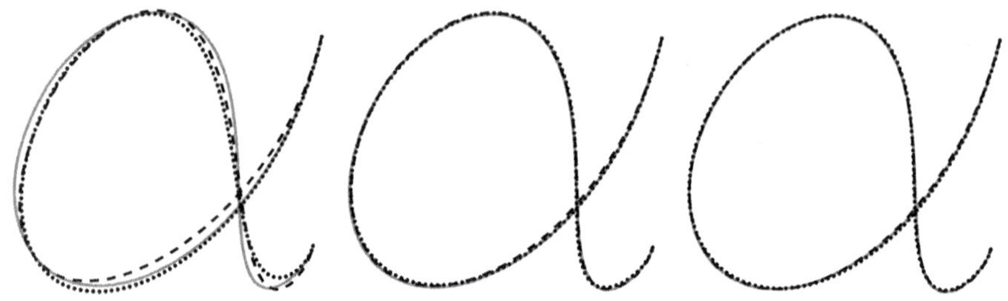

(a) $m=6$　(b) $m=7$　(c) $m=8$

图7.1　阿尔法曲线的降阶结果

表7.1　在不同次数和连续约束条件下所得结果的L_2误差

m次	阿尔法曲线		S曲线	
	G^1	G^2	G^1	G^2
6	6.9879e-2	1.6550e-1	1.1396e-1	7.9746e-1
7	4.4308e-3	8.6612e-3	5.1352e-3	3.7620e-2
8	4.7937e-4	2.6458e-3	2.6092e-3	8.1109e-3
9	4.7737e-5	1.8860e-4	3.5716e-4	1.4379e-3
10	3.1010e-6	1.1137e-5	1.5407e-5	7.3614e-5

例7.2　S曲线(形状为英文字母S)是一条十五次的Bézier曲线,其控制顶点为{(0,0),(1.5,-2),(4.5,-1),(9,0),(4.5,1.5),(2.5,3),(0,5),(-4,8.5),(3,9.5),(4.4,10.5),(6,12),(8,11),(9,10),(9.5,5),(7,6),(5,7)}。图7.2为S曲线的降阶结果,原来的S曲线用灰色实线显示,G^1降阶的结果用黑色虚线显示,G^2降阶的结果用黑色点线显示。表7.1列出相关的L_2误差。

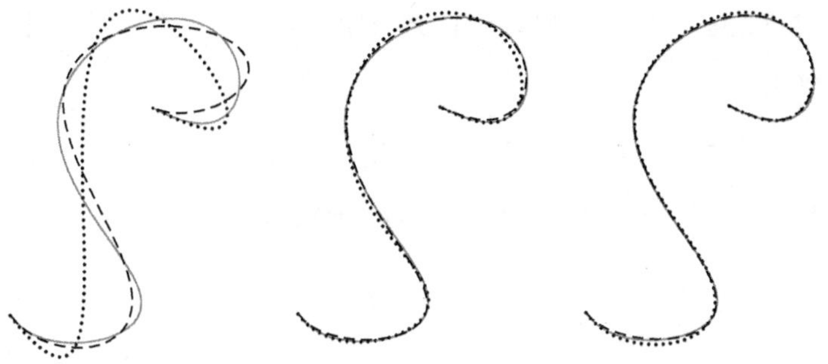

(a) $m=6$　　(b) $m=7$　　(c) $m=8$

图 7.2　S 曲线的降阶结果

类似于曲线降阶问题，本章提出的方法可用于研究多项式曲线的合并问题[155—165]。曲线合并是要把输入的多段三维曲线数据合成一条曲线(即，一段曲线)，且在合并时应保持一定的连续性。曲线合并是几何造型时经常碰到的问题，例如一个复杂形体通常会被分解成几段曲线来设计，那么在设计完成后是否可以在一定误差范围内用一条曲线来近似表示呢？如果合并算法能够有效处理多段不同次数曲线的合并，那么就能够很容易从几段曲线数据中重构出一条曲线来。这其实就是用一条曲线来近似表示多段曲线，所以要求满足一定的连续约束条件，同时合并后的曲线跟原来多段曲线之间的某个距离或误差能够达到最小，或者说在某个距离意义下是最优的。研究合并问题对压缩几何信息的数据规模和简化几何模型都有重要的理论意义和应用价值。

由于合并问题需要考虑一条曲线和多段曲线之间的距离函数，因此首先要建立曲线之间一对多的对应关系。常见做法是把每段待合并的曲线和目标曲线上的某一段子曲线之间建立局部的一一对应关系，构造相应的距离函数，然后相加后得到一个全局的目标函数。最后，再提出优化求解方法，获得合并后的曲线。跟降阶问题的不同之处是：降阶问题碰到的是一对一的近似逼近以及能够使用函数逼近论中诸多的正交多项式，但是对于合并问题来说，基于正交多项式的最佳逼近方法不能直接用来处理一对多的对应关系。所以如何得到在某个距离意义下最优的合并曲线，这需要寻找别的技巧。

多段Bézier曲线的合并问题描述如下。假设输入的是K段Bézier曲线，第$k\in\{1,2,\cdots,K\}$段是n_k次Bézier曲线，并表示为

$$\boldsymbol{P}^k(t)=\sum_{i=0}^{n_k}B_i^{n_k}(t)\boldsymbol{p}_i^k,\quad t\in[0,1].$$

现在要寻找一条n次的Bézier曲线

$$\boldsymbol{Q}(t)=\sum_{i=0}^{n}B_i^{n}(t)\boldsymbol{q}_i,\quad t\in[0,1],$$

也就是要确定控制顶点$\{\boldsymbol{q}_i\}_{i=0}^n$，使得它们之间的某个距离函数达到最小。

下面是一些关于多段Bézier曲线合并的例子，具体做法详见参考文献[155]。

例7.3 高音谱号形状由四段五次Bézier曲线经光滑拼接而成，它们的控制顶点分别为{(0.6,0.5),(0.8,0.1),(1.2,0),(1.5,0.4),(1.6,1.5),(1,2.5)},{(1,2.5),(0.5,3.4),(0.5,4.5),(1,5.1),(1.5,4.6),(1.5,4)},{(1.5,4),(1.4,3.4),(1,2.9),(0,2.4),(0,1.3),(0.6,1)}和{(0.6,1),(1.2,0.8),(2.3,0.9),(2.3,2.3),(0.8,2.3),(0.8,1.5)}。图7.3为高音谱号形状的合并结果，在图中高音谱号形状用灰色实线显示。显然，G^2连续约束下的合并结果优于C^2连续约束下的合并结果。

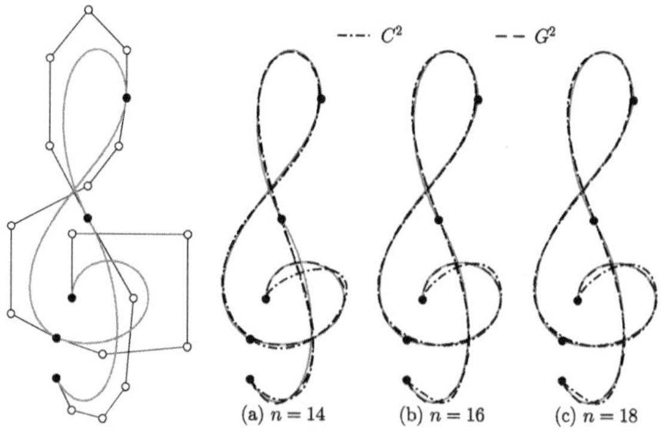

图7.3 高音谱号形状的合并结果

例 7.4　企鹅形状由两部分构成：左边部分是四段三次Bézier曲线，其控制顶点为{(0.31,0.23),(0.35,0.19),(0.39,0.23),(0.37,0.26)},{(0.37,0.26),(0.21,0.54),(0.53,0.77),(0.21,0.76)},{(0.21,0.76),(0.1,0.76),(0.5,0.88),(0.42,0.79)}和{(0.42,0.79),(0.26,0.76),(0.23,0.92),(0.34,0.94)}；右边部分是三段三次Bézier曲线，其控制顶点为{(0.34,0.94),(0.74,0.99),(0.67,0.19),(0.56,0.21)},{(0.56,0.21),(0.19,0.32),(0.62,1.05),(0.56,0.61)}和{(0.56,0.61),(0.5,0.24),(0.41,0.41),(0.5,0.64)}。图7.4为企鹅形状的合并结果，在图中企鹅形状用灰色实线显示。同样地，连续约束下的合并结果优于连续约束下的合并结果。.

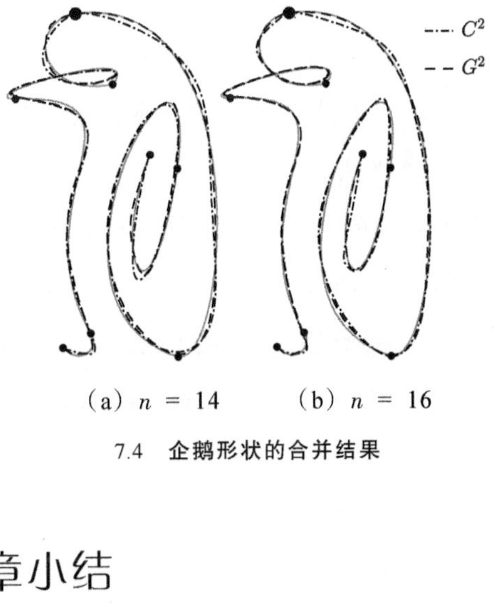

(a) $n = 14$　　(b) $n = 16$

7.4　**企鹅形状的合并结果**

7.6　本章小结

本章研究了三维曲线数据的降阶问题，考虑在L_2误差意义下的最佳逼近。专门研究了Bernstein基的格拉姆矩阵，讨论格拉姆矩阵的性质和快速计算方法。根据不同的端点连续约束条件，提出了C^ℓ降阶、G^1降阶和G^2降阶算法。对于G^1降阶问题，目标函数是两个参数的二次函数，最优解是显式的。对于G^2降阶问题，目标函数最终化简为两个参数的四次函数，通过投影牛顿法获得数值解。

众所周知,对于任何一条参数曲线,它的参数化可以有很多种不同的形式。在实际应用中,参数化的选取方式可以是多种多样的,尽管曲线的形状都是一样的。所以,对曲线重新参数化后,原曲线的各阶导矢都会发生改变。因此,C^ℓ降阶方法很大程度上依赖于曲线的参数化,导致生成不同的近似曲线。

利用G^2连续额外提供的自由度,G^2降阶方法可取得远优于C^2降阶方法的结果。另外,从曲线参数化的角度看,近似曲线注重的是跟原曲线的接近程度,所以原曲线的参数化不会被保留或者也不能被很好地近似,那么还要在端点处保持C^ℓ连续就显得过于严格了。相比于C^ℓ连续,几何连续是一种更为宽松的连续条件,例如G^2连续能够保留原曲线在端点的位置、切向和曲率值,更适用于逼近和拟合问题。虽然几何连续会导致目标函数的非线性化,但是优化后所得结果的误差会显著降低。综合来说,G^2降阶方法是目前比较好的一种做法。

此外,如果在曲线降阶的同时结合曲线分段,那么分段之后降阶所得结果的误差将会小得多。例如,对一条n次Bézier曲线在任意的参数$c \in (0,1)$处使用de Casteljau算法,然后把得到的两段子曲线的参数区间从$[0,c]$和$[c,1]$变换到标准区间$[0,1]$,最后对每段曲线应用降阶算法。但是当$c \neq 0.5$时,这两段子曲线在它们的连接点处只能是G^n连续的,而不再是C^n连续。所以即使使用了C^ℓ降阶方法,所产生的两段低次曲线在连接点处也只能是G^ℓ连续,而G^ℓ降阶方法本身就能达到G^ℓ连续的结果,并且具有误差更小的优点。

第八章　总结与展望

全书主要探讨了三维曲线数据的特征识别与形状重构问题。涉及曲线数据的特征识别方法,数据拟合方法,数据的曲线重构与形状优化方法,以及曲线数据的降阶方法等方面的内容。许多问题最终都转化为求解带约束的非线性优化问题,需要借助数值积分法和数值优化算法,设计相应的问题求解算法。

主要贡献与创新点概括如下:

(1) 提出三维数据拟合的加权PIA方法,具有迭代公式简单和无须求解线性方程组的优点。通过设置权因子的最优值,加权PIA方法可达到最快的收敛速度,而迭代规则只需乘上一个相同的权因子,所以是对传统PIA方法的一个改进。作为加权PIA方法的两个应用,研究了Bézier曲线的降阶问题和有理Bézier曲线的多项式逼近问题;提出了先数据采样后数据拟合的解决方法,可融入几何连续条件,没有太多烦琐的推导过程,所以效率很高同时结果也比较令人满意。

(2) 针对二维曲线数据的高质量采样与形状重构,首先提出确定拐点和曲率极值点的特征识别方法。利用抛物线插值法确定所有特征点的近似位置,而不是通过数值求根的方式,这不仅提高了方法的效率,而且实用性更强。除了特征点外,可以自适应地选取辅助点作为采样点,满足用户指定的距离阈值。最终得到的是由特征点和辅助点组成的采样数据,这些数据不仅能够更好描述二维曲线的轮廓特征,而且极大改善了后续的B样条拟合效果。

（3）针对三维曲线数据的高质量采样与形状重构，提出基于特征识别的高质量非均匀采样方法。着重考虑三维曲线非常关键的特征点，分析曲率和挠率这两个内在几何量对形状的共同影响，借助特征识别获得高质量的采样数据。首先，识别曲线上所有的曲率极大值点和挠率极大值点，经过筛选后产生特征点，以更好地抓住空间曲线的轮廓特征。然后，定义基于弧长、曲率和挠率加权组合的特征函数，通过特征函数选取代表性的辅助点。最后，提出自适应的数据采样方法以及确定采样点总数的启发式算法。

（4）对于给定的二维数据点集，提出基于曲率优化的光顺曲线重构方法。以曲率变化能量作为构造光顺曲线时的目标函数，目的是要改善曲线的曲率分布，预期是曲率的变化比较平缓或者最好是单调变化的。另外，也讨论了对数型艺术曲线的多项式转化问题，从曲率最佳匹配的角度提出五次曲线的重构方法，预期能取得跟对数型艺术曲线一样单调变化的曲率分布。众多对比实例表明，用基于曲率优化的思想生成的曲线从曲率分布的角度看显然是更加出色的，并且在形状上也更加符合光顺的预期。

（5）提出三维曲线数据的降阶方法。在 G^2 连续的约束条件下，能够保留原曲线在端点处的位置、切向和曲率值。相比于 C^2 降阶方法，G^2 降阶方法所得结果的误差更小，因此逼近效果更好。另外，对于 G^1 降阶这一特殊情形，给出了参数和控制顶点的显式表达式。

经过这几年的专题研究和在本书写作过程中进一步的思考与分析，作者认为尚有如下问题仍需继续深入探讨，并期待在未来能取得更多突破性的研究成果。

（1）针对特征识别问题，需要提出精度更高的特征识别方法。特征识别时最大的困难是如何得到所有且近似精度很高的特征点。目前使用的抛物线插值法的收敛阶约为 $O(h^{1.32})$，结合参数域等分加细法可以不断提高近似精度，但需要考虑效率和精度的平衡。另外，目前还无法保证总是能够获得所有的特征点，在某些复杂情形时会存在遗漏部分特征点的现象。

所以，如何保证得到所有特征点，以及如何提高精度和效率以及算法的鲁棒性，这些都是需要考虑的因素。另外，也要关注隐式曲线的特征识别问题。

（2）针对数据拟合问题，需要提出在更多几何约束条件下的PIA方法。目前提出的加权PIA方法主要解决了收敛速度的问题，而许多实际应用问题都要考虑特定的几何约束条件。例如，在G^2连续约束的条件下，如何设计PIA方法的迭代公式，从而解决更多的应用问题。

（3）针对形状重构问题，需要提高数值方法的求解效率。曲率优化时的目标函数通常都是高度非线性的，在优化求解时会碰到较大的困难，尽管这是无法避免的。所以，应从更多数值方法中寻求解决方案，使用一些基于梯度以及二阶偏导数的优化算法，从而设计更高效的求解算法。

（4）针对形状重构时的多项式表示，需要灵活使用其他更多的曲线表示形式，例如B样条曲线。如何使生成的曲线具有单调变化的曲率，也是仍待深入讨论的问题。借助分段Bézier曲线或B样条曲线，通过引入更多的自由度，为构造曲率单调变化的多项式曲线提供更多的探索途径。另外，也要在形状优化问题中使用更多的几何约束条件，使目标曲线具有更加完美的形状和曲率分布。

（5）从曲线到曲面的延伸，这方面仍需未来做更多研究工作。可以讨论的问题有：曲面的特征识别，曲面的形状调整和优化，基于平均曲率等内在几何量的形状重构，曲面降阶，曲面合并，等等。针对曲面情形的研究，涉及的未知量会增多，优化求解时的难度也会增加，但在研究方法和求解技巧上存在一些相似之处。目前已经取得一些成果，待逐步完善并形成系统性的研究成果，期待在不久的将来能够专门来讨论这一主题。

参考文献

[1] PIEGL L, TILLER W. The NURBS Book[M]. Second edition. New York: Springer-Verlag, 1997.

[2] DE BOOR C. A Practical Guide to Splines[M]. New York: Springer-Verlag, 2001.

[3] PRAUTZSCH H, BOEHM W, PALUSZNY M. Bézier and B-spline Techniques[M]. New York: Springer-Verlag, 2002.

[4] FARIN G. Curves and Surfaces for CAGD: A Practical Guide[M]. Fifth edition. San Francisco: Morgan Kaufmann, 2002.

[5] FARIN G, HOSCHEK J, KIM M S. Handbook of Computer Aided Geometric Design[M]. Amsterdam: Elsevier, 2002.

[6] SCHUMAKER L L. Spline Functions: Basic Theory[M]. Third edition. Cambridge: Cambridge University Press, 2007.

[7] 王国瑾, 汪国昭, 郑建民 . 计算机辅助几何设计[M]. 北京:高等教育出版社, 2001.

[8] 王国瑾, 刘利刚 . 几何计算逼近与处理[M]. 北京:科学出版社, 2015.

[9] 孙家广, 胡事民 . 计算机图形学基础教程[M]. 北京:清华大学出版社, 2020.

[10] 朱春钢, 李彩云 . 数值逼近与计算几何[M]. 北京:高等教育出版社, 2020.

[11] 蔺宏伟. 几何迭代法及其应用[M]. 杭州:浙江大学出版社, 2021.

[12] BOEHM W, FARIN G, KAHMANN J. A survey of curve and surface methods in CAGD[J]. Computer Aided Geometric Design, 1984, 1(1): 1-60.

[13] BARNHILL R E, RIESENFELD R F. Computer Aided Geometric Design[M]. New York: Academic Press, 1974.

[14] LIMING R A. Practical Analytical Geometry with Applications to Aircraft[M]. New York: Macmillan, 1944.

[15] FERGUSON J C. Multivariable curve interpolation[J]. Journal of the ACM, 1964, 11(2): 221-228.

[16] FAROUKI R T. The Bernstein polynomial basis: A centennial retrospective[J]. Computer Aided Geometric Design, 2012, 29(6): 379-419.

[17] SCHOENBERG I J. Contributions to the problem of approximation of equidistant data by analytic functions[J]. Quarterly of Applied Mathematics, 1946, 4(1): 45-99.

[18] DE BOOR C. On calculating with B-splines[J]. Journal of Approximation Theory, 1972, 6(1): 50-62.

[19] COX M G. The numerical evaluation of B-splines[J]. IMA Journal of Applied Mathematics, 1972, 10(2): 134-149.

[20] BOEHM W, PRAUTZSCH H. The insertion algorithm[J]. Computer-Aided Design, 1985, 17(2): 58-59.

[21] PRAUTZSCH H, PIPER B. A fast algorithm to raise the degree of spline curves[J]. Computer Aided Geometric Design, 1991, 8(4): 253-265.

[22] VERGEEST J S M. CAD surface data exchange using STEP[J]. Computer-Aided Design, 1991, 23(4): 269-281.

[23] VERSPRILLE K J. Computer Aided Design Applications of the Ratio-

nal B-Spline Approximation Form[D]. New York: Syracuse University, 1975.

[24] CHOI B K, YOO W S, LEE C S. Matrix representation for NURB curves and surfaces[J]. Computer-Aided Design, 1990, 22(4): 235-240.

[25] GRABOWSKI H, LI X. Coefficient formula and matrix of nonuniform B-spline functions[J]. Computer-Aided Design, 1992, 24(12): 637-642.

[26] LIU L, WANG G. Explicit matrix representation for NURBS curves and surfaces[J]. Computer Aided Geometric Design, 2002, 19(6): 409-419.

[27] SEDERBERG T W, ZHENG J, BAKENOV A, et al. T-splines and T-NURCCs[J]. ACM Transactions on Graphics, 2003, 22(3): 477-484.

[28] SEDERBERG T W, CARDON D L, FINNIGAN G T, et al. T-spline simplification and local refinement[J]. ACM Transactions on Graphics, 2004, 23(3): 276-283.

[29] SEDERBERG T W, FINNIGAN G T, LI X, et al. Watertight trimmed NURBS[J]. ACM Transactions on Graphics, 2008, 27(3): 1-8.

[30] HUGHES T J R, COTTRELL J A, BAZILEVS Y. Isogeometric analysis: CAD, finite elements, NURBS, exact geometry and mesh refinement[J]. Computer Methods in Applied Mechanics and Engineering, 2005, 194(39-41): 4135-4195.

[31] COTTRELL J A, HUGHES T J R, BAZILEVS Y. Isogeometric Analysis: Toward Integration of CAD and FEA[M]. Chichester: John Wiley & Sons, 2009.

[32] BAZILEVS Y, CALO V M, COTTRELL J A, et al. Isogeometric analysis using T-splines[J]. Computer Methods in Applied Mechanics and Engineering, 2015, 199(5-8): 229-263.

[33] HUGHES T J R, REALI A, SANGALLI G. Efficient quadrature for

NURBS-based isogeometric analysis[J]. Computer Methods in Applied Mechanics and Engineering, 2015, 199(5-8): 301-313.

[34] BEER G, BORDAS S. Isogeometric Methods for Numerical Simulation [M]. Vienna: Springer, 2015.

[35] ZHANG L, DONG H, EL SADDIK A. From 3D sensing to printing: A survey[J]. ACM Transactions on Multimedia Computing, Communications, and Applications, 2016, 12(2): Article 27.

[36] JORDAN J M. 3D Printing[M]. Cambridge: MIT Press, 2019.

[37] PARK H. An error-bounded approximate method for representing planar curves in B-splines[J]. Computer Aided Geometric Design, 2004, 21 (5): 479-497.

[38] RAZDAN A. Knot placement for B-spline curve approximation[R]. Arizona State University, Tempe, 1999.

[39] HERNÁNDEZ-MEDEROS V, ESTRADA-SARLABOUS J. Sampling points on regular parametric curves with control of their distribution[J]. Computer Aided Geometric Design, 2003, 20(6): 363-382.

[40] PAGANI L, SCOTT P J. Curvature based sampling of curves and surfaces[J]. Computer Aided Geometric Design, 2018, 59: 32-48.

[41] LI W S, XU S H, ZHAO G, et al. Adaptive knot placement in B-spline curve approximation[J]. Computer-Aided Design, 2005, 37(8): 791-797.

[42] PARK H, LEE J H. B-spline curve fitting based on adaptive curve refinement using dominant points[J]. Computer-Aided Design, 2007, 39 (6): 439-451.

[43] YU M, ZHANG Y, LI Y, et al. Adaptive sampling method for inspection planning on CMM for free-form surfaces[J]. The International Journal of Advanced Manufacturing Technology, 2013, 67(9-12): 1967-1975.

[44] 杨红娟, 陈继文. 逆向工程及智能制造技术[M]. 北京:化学工业出版

社, 2020.

[45] LAVERY J E. Shape-preserving univariate cubic and higher-degree L_1 splines with function-value-based and multistep minimization principles [J]. Computer Aided Geometric Design, 2009, 26(1): 1-16.

[46] WANG Z, FANG S C, LAVERY J E. On shape-preserving capability of cubic L^1 spline fits[J]. Computer Aided Geometric Design, 2015, 40: 59-75.

[47] NIE T, WANG Z, FANG S C, et al. Convex shape preservation of cubic L^1 spline fits[J]. Annals of Data Science, 2017, 4(1): 123-147.

[48] WANG Z, XIE M. Data approximation by L^1 spline fits with free knots [J]. Computer Aided Geometric Design, 2022, 92: 102064.

[49] TAUBIN G, RONFARD R. Implicit simplical models for adaptive curve reconstruction[J]. IEEE Transactions on Pattern Analysis and Machine Intelligence, 1996, 18(3): 321-325.

[50] WANG W, POTTMANN H, LIU Y. Fitting B-spline curves to point clouds by curvature-based squared distance minimization[J]. ACM Transactions on Graphics, 2006, 25(2): 214-238.

[51] ZHENG W, BO P, LIU Y, et al. Fast B-spline curve fitting by L-BFGS [J]. Computer Aided Geometric Design, 2012, 29(7): 448-462.

[52] LEVIN D. The approximation power of moving least-squares[J]. Mathematics of Computation, 1998, 67(224): 1517-1531.

[53] GOSHTASBY A. Grouping and parameterizing irregularly spaced points for curve fitting[J]. ACM Transactions on Graphics, 2000, 19(3): 185-203.

[54] LÉON J C, TROMPETTE P. A new approach towards free-form surfaces control[J]. Computer Aided Geometric Design, 1995, 12(4): 395-416.

[55] HU S, LI Y, JU T, et al. Modifying the shape of NURBS surfaces with

geometric constraints[J]. Computer-Aided Design, 2001, 33(12): 903-912.

[56] JUHÁSZ I. Weight-based shape modification of NURBS curves[J]. Computer Aided Geometric Design, 1999, 16(5): 377-383.

[57] JUHÁSZ I, HOFFMANN M. Constrained shape modification of cubic B-spline curves by means of knots[J]. Computer-Aided Design, 2004, 36(5): 437-445.

[58] AU C K, YUEN M M F. Unified approach to NURBS curve shape modification[J]. Computer-Aided Design, 1995, 27(2): 85-93.

[59] SÁNCHEZ-REYES J. A simple technique for NURBS shape modification[J]. IEEE Computer Graphics and Applications, 1997, 17(1): 52-59.

[60] ZHENG J M, CHAN K W, GIBSON I. A new approach for direct manipulation of free-form curve[J]. Computer Graphics Forum, 1998, 17(3): 327-335.

[61] MORETON H P, SÉQUIN C H. Functional optimization for fair surface design[J]. ACM SIGGRAPH Computer Graphics, 1992, 26(2): 167-176.

[62] VELTKAMP R C, WESSELINK W. Modeling 3D curves of minimal energy[J]. Computer Graphics Forum, 1995, 14(3): 97-110.

[63] HAVEMANN S, EDELSBRUNNER J, WAGNER P, et al. Curvature-controlled curve editing using piecewise clothoid curves[J]. Computers & Graphics, 2013, 37(6): 764-773.

[64] JUHÁSZ I, RÖTH Á. Adjusting the energies of curves defined by control points[J]. Computer-Aided Design, 2019, 107: 77-88.

[65] YAN Z, SCHILLER S, WILENSKY G, et al. κ-curves: Interpolation at local maximum curvature[J]. ACM Transactions on Graphics, 2017, 36(4): Article 129.

[66] LU L. Weighted progressive iteration approximation and convergence analysis[J]. Computer Aided Geometric Design, 2010, 27(2): 129-137.

[67] 陆利正，胡倩倩，汪国昭. Bézier降阶的迭代算法[J]. 计算机辅助设计与图形学学报, 2009, 21(12): 1689-1693.

[68] LU L. Sample-based polynomial approximation of rational Bézier curves[J]. Journal of Computational and Applied Mathematics, 2011, 235(6): 1557-1563.

[69] LIN H, MAEKAWA T, DENG C. Survey on geometric iterative methods and their applications[J]. Computer-Aided Design, 2018, 95: 40-51.

[70] 齐东旭，田自贤，张玉心，等. 曲线拟合的数值磨光方法[J]. 数学学报, 1975, 18(3): 173-184.

[71] DE BOOR C. How does Agee's smoothing method work? In: Proceedings of Army Numerical Analysis and Computers Conference, ARO Report 79-3[R]. Army Research Office, 1979, pp. 299-302.

[72] LIN H, BAO H, WANG G. Totally positive bases and progressive iteration approximation[J]. Computers and Mathematics with Applications, 2005, 50(3-4): 575-586.

[73] LIN H, ZHANG Z. An extended iterative format for the progressive-iteration approximation[J]. Computers & Graphics, 2011, 35(5): 967-975.

[74] DENG C, MA W. Weighted progressive interpolation of Loop subdivision surfaces[J]. Computer-Aided Design, 2012, 44(5): 424-431.

[75] KINERI Y, WANG M, LIN H, et al. B-spline surface fitting by iterative geometric interpolation/approximation algorithms[J]. Computer-Aided Design, 2012, 44(7): 697-708.

[76] HAMZA Y F, LIN H, LI Z. Implicit progressive-iterative approximation for curve and surface reconstruction[J]. Computer Aided Geometric Design, 2020, 77: 101817.

[77] DELGADO J, PEÑA J M. Progressive iterative approximation and bases with the fastest convergence rates[J]. Computer Aided Geometric Design, 2007, 24(1): 10-18.

[78] ZHANG L, TAN J, GE X, et al. Generalized B-splines' geometric iterative fitting method with mutually different weights[J]. Journal of Computational and Applied Mathematics, 2018, 329: 331-343.

[79] HORN R A, JOHNSON C R. Matrix Analysis[M]. Second edition. Cambridge: Cambridge University Press, 2013.

[80] SAAD Y. Iterative Methods for Sparse Linear Systems[M]. Second edition. Philadelphia: SIAM, 2003.

[81] PEÑA J M. Shape Preserving Representations in Computer Aided Geometric Design[M]. New York: Nova Science Publishers, 1999.

[82] WANG G, SEDERBERG T W, CHEN F. On the convergence of polynomial approximation of rational functions[J]. Journal of Approximation Theory, 1997, 89(3): 267-288.

[83] FLOATER M S. High order approximation of rational curves by polynomial curves[J]. Computer Aided Geometric Design, 2006, 23(8): 621-628.

[84] HUANG Y, SU H, LIN H. A simple method for approximating rational Bézier curve using Bézier curves[J]. Computer Aided Geometric Design, 2008, 25(8): 697-699.

[85] CAI H, WANG G. Constrained approximation of rational Bézier curves based on a matrix expression of its end points continuity condition[J]. Computer-Aided Design, 2010, 42(6): 495-504.

[86] LEWANOWICZ S, WOŹNY P, KELLER P. Polynomial approximation of rational Bézier curves with constraints[J]. Numerical Algorithms, 2012, 59(4): 607-622.

[87] HU Q, XU H. Constrained polynomial approximation of rational Bézier curves using reparameterization[J]. Journal of Computational and Applied Mathematics, 2013, 249: 133-143.

[88] ESLAHCHI M R, KAVOOSI M. The use of Jacobi wavelets for constrained approximation of rational Bézier curves[J]. Computational and Applied Mathematics, 2018, 37(3): 3951-3966.

[89] LU L, ZHAO S. High-quality point sampling for B-spline fitting of parametric curves with feature recognition[J]. Journal of Computational and Applied Mathematics, 2019, 345: 286-294.

[90] 凌海雅, 赵仕卿, 陆利正, 等. 空间曲线基于内在几何量的高质量采样和B样条拟合[J]. 计算机辅助设计与图形学学报, 2020, 32(2): 255-261.

[91] 陆利正, 何歆, 凌海雅, 等. 空间曲线的特征识别与高质量非均匀采样[J]. 计算机辅助设计与图形学学报, 2022, 34(1): 18-24.

[92] DENG C, YANG X. A local fitting algorithm for converting planar curves to B-splines[J]. Computer Aided Geometric Design, 2008, 25(9): 837-849.

[93] YEH R, NASHED Y S G, PETERKA T, et al. Fast automatic knot placement method for accurate B-spline curve fitting[J]. Computer-Aided Design, 2020, 128: 102905.

[94] DO CARMO M P. Differential Geometry of Curves and Surfaces[M]. Second edition. New York: Dover Publications, 2016.

[95] PRESS W H, TEUKOLSKY S A, VETTERLING W T, et al. Numerical Recipes: The Art of Scientific Computing[M]. Third edition. Cambridge: Cambridge University Press, 2007.

[96] LU L, JIANG C, HU Q. Planar cubic G^1 and quintic G^2 Hermite interpolations via curvature variation minimization[J]. Computers & Graph-

ics, 2018, 70: 92-98.

[97] LU L, XIANG X. Quintic polynomial approximation of log-aesthetic curves by curvature deviation[J]. Journal of Computational and Applied Mathematics, 2016, 296: 389-396.

[98] LEVIEN R, SÉQUIN C H. Interpolating splines: Which is the fairest of them all? [J]. Computer-Aided Design and Applications, 2009, 6(1): 91-102.

[99] WALTON D J, MEEK D S. G^1 interpolation with a single Cornu spiral segment[J]. Journal of Computational and Applied Mathematics, 2009, 223(1): 86-96.

[100]WALTON D J, MEEK D S. G^2 Hermite interpolation with circular precision[J]. Computer-Aided Design, 2010, 42(9): 749-758.

[101]HABIB Z, SAKAI M. Admissible regions for rational cubic spirals matching G^2 Hermite data[J]. Computer-Aided Design, 2010, 42(12): 1117-1124.

[102]LI Y, DENG C. C-shaped G^2 Hermite interpolation with circular precision based on cubic PH curve interpolation[J]. Computer-Aided Design, 2012, 44(11): 1056-1061.

[103]LI Y, DENG C, MA W. C-shaped G^2 Hermite interpolation by rational cubic Bézier curve with conic precision[J]. Computer Aided Geometric Design, 2014, 31(5): 258-264.

[104]YONG J, CHENG F. Geometric Hermite curves with minimum strain energy[J]. Computer Aided Geometric Design, 2004, 21(3): 281-301.

[105]迟静, 张彩明. 具有最小曲率变化率的几何Hermite曲线[J]. 计算机辅助设计与图形学学报, 2008, 20(7): 882-887.

[106]JAKLIČ G, ŽAGAR E. Curvature variation minimizing cubic Hermite interpolants[J]. Applied Mathematics and Computation, 2011, 218(7):

3918-3924.

[107]FARIN G. Geometric Hermite interpolation with circular precision[J]. Computer-Aided Design, 2008, 40(4): 476-479.

[108]LU L. Planar quintic G^2 Hermite interpolation with minimum strain energy[J]. Journal of Computational and Applied Mathematics, 2015, 274: 109-117.

[109]韩志红, 朱春钢 . 能量约束下的 Bézier 曲线构造[J]. 计算机辅助设计与图形学学报, 2020, 32(2): 213-221.

[110]XU G, ZHU Y, DENG L, et al. Efficient construction of B-spline curves with minimal internal energy[J]. CMC-Computers, Materials & Continua, 2019, 58(3): 879-892.

[111]HOFER M, POTTMANN H. Energy-minimizing splines in manifolds [J]. ACM Transactions on Graphics, 2004, 23(3): 284-293.

[112]HERZOG R, BLANC P. Optimal G^2 Hermite interpolation for 3D curves[J]. Computer-Aided Design, 2019, 117: 102752.

[113]BORBÉLY A, JOHNSON M J. Elastic splines III: Existence of stable nonlinear splines[J]. Journal of Approximation Theory, 2020, 251: 105326.

[114]BURDEN R L, FAIRES J D. Numerical Analysis[M]. Ninth edition. Boston: Cengage Learning, 2010.

[115]BERTSEKAS D P. Nonlinear Programming[M]. Second edition. Belmont: Athena Scientific, 1999.

[116]MIURA K T. A general equation of aesthetic curves and its self-affinity [J]. Computer-Aided Design and Applications, 2006, 3(1-4): 457-466.

[117]YOSHIDA N, SAITO T. Interactive aesthetic curve segments[J]. The Visual Computer, 2006, 22(9-11): 896-905.

[118]ZIATDINOV R, YOSHIDA N, KIM T W. Analytic parametric equa-

tions of log-aesthetic curves in terms of incomplete gamma functions [J]. Computer Aided Geometric Design, 2012, 29(2): 129-140.

[119]ZIATDINOV R, YOSHIDA N, KIM T W. Visualization and analysis of regions of monotonic curvature for interpolating segments of extended sectrices of Maclaurin[J]. Computer Aided Geometric Design, 2017, 56: 35-47.

[120]FREGO M. Closed form parametrisation of 3D clothoids by arclength with both linear varying curvature and torsion[J]. Applied Mathematics and Computation, 2022, 421: 126907.

[121]WU W, YANG X. Geometric Hermite interpolation by a family of intrinsically defined planar curves[J]. Computer-Aided Design, 2016, 77: 86-97.

[122]MIURA K T, AGARI S, KAWATA Y, et al. Input of log-aesthetic curve segments with inflection end points and generation of log-aesthetic curves with G^2 continuity[J]. Computer-Aided Design and Applications, 2008, 5(1-4): 77-85.

[123]INOGUCHI J, KAJIWARA K, MIURA K T, et al. Log-aesthetic curves as similarity geometric analogue of Euler's elasticae[J]. Computer Aided Geometric Design, 2018, 61: 1-5.

[124]MIURA K T, SUZUKI S, GOBITHAASAN R U, et al. A new log-aesthetic space curve based on similarity geometry[J]. Computer-Aided Design and Applications, 2019, 16(1): 79-88.

[125]MEEK D S, SAITO T, WALTON D J, et al. Planar two-point G^1 Hermite interpolating log-aesthetic spirals[J]. Journal of Computational and Applied Mathematics, 2012, 236(17): 4485-4493.

[126]YOSHIDA N, SAITO T. Quadratic log-aesthetic curves[J]. Computer-Aided Design and Applications, 2017, 14(2): 219-226.

[127]YOSHIDA N, SAITO T. Planar curves based on explicit Bézier curvature functions[J]. Computer-Aided Design and Applications, 2020, 17 (1): 77-87.

[128]SÁNCHEZ-REYES J, CHACÓN J M. A polynomial Hermite interpolant for C^2 quasi arc-length approximation[J]. Computer-Aided Design, 2015, 62: 218-226.

[129]SÁNCHEZ-REYES J, CHACÓN J M. Polynomial approximation to clothoids via s-power series[J]. Computer-Aided Design, 2003, 35(14): 1305-1313.

[130]LU L. On polynomial approximation of circular arcs and helices[J]. Computers and Mathematics with Applications, 2012, 63(7): 1192-1196.

[131]HU Q. Explicit G^1 approximation of conic sections using Bézier curves of arbitrary degree[J]. Journal of Computational and Applied Mathematics, 2016, 292: 505-512.

[132]CROSS B, CRIPPS R J. Efficient robust approximation of the generalised Cornu spiral[J]. Journal of Computational and Applied Mathematics, 2015, 273: 1-12.

[133]BAUMGARTEN C, FARIN G. Approximation of logarithmic spirals [J]. Computer Aided Geometric Design, 1997, 14(6): 515-532.

[134]AHN Y J. A property of parametric polynomial approximants of half circles[J]. Computer Aided Geometric Design, 2021, 87: 101990.

[135]HUR S, KIM T W. The best G^1 cubic and G^2 quartic Bézier approximations of circular arcs[J]. Journal of Computational and Applied Mathematics, 2011, 236(6): 1183-1192.

[136]VAVPETIČ A, ŽAGAR E. On optimal polynomial geometric interpolation of circular arcs according to the Hausdorff distance[J]. Journal of Computational and Applied Mathematics, 2021, 392: 113491.

[137]BOGACKI P, WEINSTEIN S, XU Y. Distances between oriented curves in geometric modeling[J]. Advances in Computational Mathematics, 1997, 7(4): 593-621.

[138]LU L. Gram matrix of Bernstein basis: Properties and applications[J]. Journal of Computational and Applied Mathematics, 2015, 280: 37-41.

[139]LU L. Explicit G^2-constrained degree reduction of Bézier curves by quadratic optimization[J]. Journal of Computational and Applied Mathematics, 2013, 253: 80-88.

[140]LU L, XIANG X. Note on multi-degree reduction of Bézier curves via modified Jacobi-Bernstein basis transformation[J]. Journal of Computational and Applied Mathematics, 2017, 315: 65-69.

[141]LU L, ZHAO S, HU Q. Improvement on constrained multi-degree reduction of Bézier surfaces using Jacobi polynomials[J]. Computer Aided Geometric Design, 2018, 61: 20-26.

[142]HU S, SUN J, JIN T, et al. Approximate degree reduction of Bézier curves[J]. Tsinghua Science and Technology, 1998, 3(2): 997-1000.

[143]ZHENG J, WANG G. Perturbing Bézier coefficients for best constrained degree reduction in the L_2-norm[J]. Graphical Models, 2003, 65(6): 351-368.

[144]AHN Y J, LEE B G, PARK Y, et al. Constrained polynomial degree reduction in the L_2-norm equals best weighted Euclidean approximation of Bézier coefficients[J]. Computer Aided Geometric Design, 2004, 21(2): 181-191.

[145]CHEN G, WANG G. Optimal multi-degree reduction of Bézier curves with constraints of endpoints continuity[J]. Computer Aided Geometric Design, 2002, 19(6): 365-377.

[146]SUNWOO H. Matrix representation for multi-degree reduction of Bézi-

er curves[J]. Computer Aided Geometric Design, 2005, 22(3): 261-273.

[147]WOŹNY P, LEWANOWICZ S. Multi-degree reduction of Bézier curves with constraints, using dual Bernstein basis polynomials[J]. Computer Aided Geometric Design, 2009, 26(5): 566-579.

[148]AIT-HADDOU R, BARTOŇ M. Constrained multi-degree reduction with respect to Jacobi norms[J]. Computer Aided Geometric Design, 2016, 42: 23-30.

[149]CHEN X, MA W, PAUL J C. Multi-degree reduction of Bézier curves using reparameterization[J]. Computer-Aided Design, 2011, 43(2): 161-169.

[150]ZHOU L, WEI Y, WANG G. Optimal multi-degree reduction of Bézier curves with geometric constraints[J]. Computer-Aided Design, 2014, 49: 18-27.

[151]YONG J, HU S, SUN J, et al. Degree reduction of B-spline curves[J]. Computer Aided Geometric Design, 2001, 18(2): 117-127.

[152]CHENG M, WANG G. Multi-degree reduction of NURBS curves based on their explicit matrix representation and polynomial approximation theory[J]. Science China Information Sciences, 2004, 47(1): 44-54.

[153]LEWANOWICZ S, WOŹNY P. Bézier representation of the constrained dual Bernstein polynomials[J]. Applied Mathematics and Computation, 2011, 218(8): 4580-4586.

[154]SCHMIDT M, KIM D, SRA S. Projected Newton-type methods in machine learning[C]//SRA S, NOWOZIN S, WRIGHT S J. Optimization for Machine Learning. Cambridge: MIT Press, 2011, pp. 305-330.

[155]LU L, JIANG C. An iterative algorithm for G^2 multiwise merging of Bézier curves[J]. Journal of Computational and Applied Mathematics, 2016, 296: 352-361.

[156]LU L. Explicit algorithms for multiwise merging of Bézier curves[J]. Journal of Computational and Applied Mathematics, 2015, 278: 138-148.

[157]LU L. An explicit method for G^3 merging of two Bézier curves[J]. Journal of Computational and Applied Mathematics, 2014, 260: 421-433.

[158]HOSCHEK J. Approximate conversion of spline curves[J]. Computer Aided Geometric Design, 1987, 4(1-2): 59-66.

[159]HU S, TONG R, JU T, et al. Approximate merging of a pair of Bézier curves[J]. Computer-Aided Design, 2001, 33(2): 125-136.

[160]TAI C, HU S, HUANG Q. Approximate merging of B-spline curves via knot adjustment and constrained optimization[J]. Computer-Aided Design, 2003, 35(10): 893-899.

[161]CHENG M, WANG G. Approximate merging of multiple Bézier segments[J]. Progress in Natural Science, 2008, 18(6): 757-762.

[162]ZHU P, WANG G. Optimal approximate merging of a pair of Bézier curves with G^2-continuity[J]. Journal of Zhejiang University SCIENCE A, 2009, 10(4): 554-561.

[163]PUNGOTRA H, KNOPF G K, CANAS R. Merging multiple B-spline surface patches in a virtual reality environment[J]. Computer-Aided Design, 2010, 42(10): 847-859.

[164]WOŹNY P, GOSPODARCZYK P, LEWANOWICZ S. Efficient merging of multiple segments of Bézier curves[J]. Applied Mathematics and Computation, 2015, 268: 354-363.

[165]GOSPODARCZYK P, WOŹNY P. Merging of Bézier curves with box constraints[J]. Journal of Computational and Applied Mathematics, 2016, 296: 265-274.